园林专业技术管理人员培训教材

园林施工安全管理

浙江省建设厅城建处
杭州蓝天职业培训学校 编

中国建筑工业出版社

图书在版编目(CIP)数据

园林施工安全管理/浙江省建设厅城建处，杭州蓝天
职业培训学校编. —北京：中国建筑工业出版社，2005
（园林专业技术管理人员培训教材）
ISBN 978-7-112-07810-3

Ⅰ. 园... Ⅱ. ①浙...②杭... Ⅲ. 园林—工程
施工—安全管理—技术培训—教材 Ⅳ. TU986.3

中国版本图书馆 CIP 数据核字(2005)第 122310 号

责任编辑：郑淮兵 杜 洁 黄居正
责任设计：董建平
责任校对：王雪竹 关 健

园林专业技术管理人员培训教材
园林施工安全管理
浙江省建设厅城建处
杭州蓝天职业培训学校 编

*

中国建筑工业出版社出版、发行（北京西郊百万庄）
各地新华书店、建筑书店经销
北京天成排版公司制版
北京市安泰印刷厂印刷

*

开本：787×1092毫米 1/16 印张：10½ 字数：252千字
2005年11月第一版 2017年11月第八次印刷
定价：**24.00**元
ISBN 978-7-112-07810-3
(13764)

《园林专业技术管理人员培训教材》
编 委 会 名 单

主　任：张启翔

副主任：王早生　方　建　陈　付　施奠东　胡京榕

　　　　　陈相强　金石声　单德聪　朱解民

编　委：张启翔　王早生　方　建　陈　付　施奠东

　　　　　胡京榕　陈相强　金石声　单德聪　朱解民

　　　　　周国宁　俞仲辂　王永辉　黄模敏　吕振锋

　　　　　陈建军

序

　　中央提出要构建和谐社会，而惟有人与自然的和谐才能促进人与人的和谐，惟有人与生态的和谐才能达成人与社会的和谐。园林建设是生态建设的重要组成部分，是创造人与自然和谐的重要手段。

　　搞好园林建设，必须培养一大批懂技术、会管理的专门人才，使之既具备专业知识，又具有实践技能。为此，我们编写了《园林专业技术管理人员培训教材》。该教材是在园林绿化岗位培训的基础上，结合我国研究建立职业水平认证制度编撰而成，编写过程中聘请了园林植物、施工等方面的专家，几易其稿，以求既保证科学性，又具有很强的实用性。该系列教材是对从事园林施工管理、园林绿化质量检查、园林施工材料管理、园林施工安全管理及园林绿化预算等相关人员开展岗位培训及职业水平认证的培训用书，可供高、中等职业院校实践教学使用，也适合园林行业管理人员自学。

　　编写《园林专业技术管理人员培训教材》是一次新的尝试，力求体现园林行业的新特点、新要求，突出职业能力培养，注重适用与实效，符合现行标准、规范和新技术要求，在国内出版尚属首次。虽经多方调研并多次征求意见，但仍需要在教学和实践中不断探索和完善。

　　期望该系列培训教材能为提高园林行业从业人员素质、管理水平和工程质量作出贡献。

编委会

2005 年 9 月

目　　录

第一章 安 全 管 理

第一节 安全生产法律、法规

有法必依，执法必严，违法必究，这是社会主义法制对每个公民的要求。遵守法律是公民的基本义务。因此，每个公民都要学法懂法、增强法制意识，自觉遵法、守法。

一、法与法律

法，是体现统治阶级意志的，由国家认定或认可的，受国家强制力保证执行的人们行为规则的总称。行为规则是指调整人们相互关系的规则、办法，告诉人们能做什么，不能做什么。谁要不遵守就要受到国家的强力制裁。法律、法令、规则、决定、命令、条例等，都属于法的范畴。

关于法和法律有没有区别？"法律"一词，有两种含义。从广义上来说，"法律"与"法"通用，都是指国家制定或认可的所有规范性文件的总和，它既包括国家最高权力机关制定的宪法和法律，也包括其他国家机关制定的决议、命令、条例、章程、规则、决定等等。从狭义上说，法律是国家最高权力机关制定的规范性的文件，如宪法、刑法、刑事诉讼法等基本法律以及全国人民代表大会常务委员会所制定的规范性文件，如决议、条例等。其他国家机关包括国务院及其所属各部门、各级地方权力机关和行政机关制定的规范性文件，如决议、命令、条例、规则、章程等都是从属于法律的规范性文件，不能称为法律。所以从狭义上讲，"法律"和"法"这两个词又是有严格区别的。"法"包括的范围广，"法律"只是法的一种表现形式。法律实际内容的条文称"法律规范"。

任何一个法律规范都是由假定、处理和制裁三个要素构成。假定是适合该行为规范的情况和条件；处理是指行为规范的本身，它指明该项法律规范的具体内容，即允许做什么、禁止做什么和要求做什么；制裁是指违反该项法律规范时所导致的法律后果。

（一）法治

根据法律规定治理国家，叫做法治。"法治"往往是强调治国的方法，并且是相对"人治"而言的。统治阶级按照自己的意志和利益而确立起来的法律制度称法制，是治国的依据或章程，以明确具体的规范性文件表现出来，包括立法、执法和守法以及保障法律制度得以实施的内容。一般说加强法制，就是指加强立法，严格执法和自觉守法等几个方面。社会主义法制基本内容是：有法可依，有法必依，执法必严，违法必究，法律监督。这些基本内容是一个有机的整体，不能割裂开来，有法可依是前提条件；有法必依是关键和中心环节；执法必严、违法必究、法律监督是加强社会主义法制的必要条件和保证，是对有法必依的延伸。人们的法律思想和法律观点统称为"法律意识"。社会主义企业的职工，应当具备社会主义的法律意识，充分认识到社会主义法律是自身利益的集中表现和可靠保障，并在行动上认真做到学法、懂法、执法、守法。

（二）安全生产法规制度

安全生产法规，是指国家关于改善劳动条件，实现安全生产，为保护劳动者在生产过程中的安全和健康而采取的各种措施的总和，是必须执行的法律规范。

技术规范，是指人们关于合理利用自然力、生产工具、交通工具和劳动对象的行为规则，如操作规程、技术规范、标准、规程等。安全技术规范是强制性的标准。因为，违反规范往往给个人和社会造成严重危害，为了维护社会秩序、企业生产秩序和工作秩序，便把遵守安全技术规范确定为法律义务，有时把它直接规定在法律文件中，使之具有法律规范的性质。

规章制度，是指国家各主管部门及地方政府颁发的各种法规性文件，制定的各方面的条例、办法、制度、规程、规则和章程等。它们具有不同的约束力和法律效力。企业制定的规章制度是为了保证国家法律的实施和加强企业内部管理进行正常而有秩序的生产而制定的相应的措施与办法。因此，企业的规章制度有两个特点：一是制定时必须服从国家法律，不能凌驾于国家法律之上；二是在本企业内具有约束力，全体职工必须遵守。

（三）安全法规的作用

安全生产法规是国家法律规范中的一个组成部分，其主要任务是调整社会主义建设过程中人与人之间和人与自然的关系，保障职工在生产过程中的安全和健康，提高企业经济效益，促进生产发展。安全生产法规是通过法律的形式规定人们在生产过程中的行为规则，具有普遍的约束力和强制性，每个单位(机关、企业)和每个人都必须严格遵守，认真执行。企业单位领导必须按照安全法规改善劳动条件，采取行之有效的措施，创造安全生产条件，履行对劳动者应尽的义务，保证劳动者的安全和健康。每个劳动者也必须依法遵守劳动纪律，自觉执行安全生产规章制度和操作规程，进行安全生产。只有这样才能维护生产的正常秩序，防止伤亡事故，特别是在现代化的施工生产中，由于新技术、新工艺、新材料、新机械的应用，加强安全立法就更为重要。

根据宪法，"加强劳动保护，改善劳动条件"等规定是安全生产立法的基本原则。安全第一，预防为主，保护劳动者安全健康是安全生产立法必须遵循的指导思想。安全法规制定后，具有相对的稳定性和连续性，只有通过一定的合法程序才能修改和废除。因此，制定安全法规的政策思想：

（1）要充分体现社会主义国家的性质，明确树立爱护人、保护人的思想。从安全立法来保护劳动者的安全健康，体现了社会主义国家中劳动者的地位、价值和社会主义制度的优越性。

（2）从实际出发，从经济条件和技术条件出发。由于我们国家底子薄，科学技术还在发展中，劳动条件还不能在很短时间内得到完全改善，这是可以理解的。但是，决不允许强调客观困难，忽视安全生产。因此，必须适应生产发展，制定切实可行的保证生产必须安全的法规，建立安全生产正常秩序。

（3）要体现科学性。建国后，党和国家颁发了一系列法规。许多法规都是生产实践经验的总结，有些经验是付出血的代价换来的。随着科学技术的发展，不能再用"血"的代价来换取"教训"，必须运用科学的手段对生产过程中的不安全因素进行预先分析，掌握控制事故主动权，制定安全法规。

安全法规内容主要有以下几方面：

(1) 关于安全技术和劳动卫生的法规；

(2) 关于工作时间的法规；

(3) 关于女工和未成年工实行特别保护的法规（一般行业不得招用未满十六周岁的少年，因特殊需要招用的，必须报经县和县以上人民政府批准）；

(4) 关于安全生产的体制和管理制度的法规；

(5) 关于劳动安全和劳动卫生监督管理制度的法规。

二、主要安全法规内容（摘要）

（一）国家有关安全生产重要法律

1.《中华人民共和国宪法》

第四十二条 中华人民共和国公民有劳动的权利和义务。

国家通过各种途径，创造劳动就业条件，加强劳动保护，改善劳动条件，并在发展生产的基础上，提高劳动报酬和福利待遇。

劳动是一切有劳动能力的公民的光荣职责。国营企业和城乡集体经济组织的劳动者都应当以国家主人翁的态度对待自己的劳动。国家提倡社会主义劳动竞赛，奖励劳动模范和先进工作者。国家提倡公民从事义务劳动。

国家对就业前的公民进行必要的劳动就业训练。

第四十三条 中华人民共和国劳动者有休息的权利。

国家发展劳动者休息和休养的设施，规定职工的工作时间和休假制度。

2.《中华人民共和国刑法》

第一百一十三条 从事交通运输的人员违反规章制度，因而发生重大事故，致人重伤、死亡或者使公私财产遭受重大损失的，处三年以下有期徒刑或者拘役；情节特别恶劣的，处三年以上七年以下有期徒刑。

非交通运输人员犯前款罪的，依照前款规定处罚。

第一百一十四条 工厂、矿山、林场、建筑企业或者其他企事业单位的职工，由于不服管理、违反规章制度，或者强令工人违章冒险作业，因而发生重大伤亡事故，造成严重后果的，处三年以下有期徒刑或者拘役；情节特别恶劣的，处三年以上七年以下有期徒刑。

第一百一十五条 违反爆炸性、易燃性、放射性、毒害性、腐蚀性物品的管理规定，在生产、储存、运输、使用中发生重大事故造成严重后果的，处三年以下有期徒刑或者拘役；后果特别严重的处三年以上七年以下有期徒刑。

第一百八十七条 国家工作人员由于玩忽职守，致使公共财产、国家和人民利益遭受重大损失的，处五年以下有期徒刑或者拘役。

重大责任事故罪是一种过失犯罪，即事故是由行为人主观上的过失所引起。具体表现为，应当预见到违反规章制度或强令违章作业可能发生的危险而没有预见到，或难预见到，只是由于疏忽大意或者过于自信而对可能导致严重后果抱有侥幸心理，轻信可以避免，结果造成了重大伤亡事故，构成重大责任事故罪。

玩忽职守罪是指国家工作人员对工作严重不负责任，疏忽大意，或者擅离职守，致使公共财产、国家和人民利益遭受重大损失的行为。

3.《中华人民共和国全民所有制工业企业法》

第四十一条 企业必须贯彻安全生产制度，改善劳动条件，做好劳动保护和环境保护工作，做到安全生产和文明生产。

4.《国营工业企业暂行条例》

第四十三条 企业必须依照法律规定做好环境保护和劳动保护工作。努力改善劳动条件，做到安全生产，文明生产。

第四十五条 企业要根据法律、法规，结合实际情况制定本企业的厂规厂纪、操作规程和岗位守则。

第五十二条 职工必须遵守安全操作规程、劳动纪律和其他规章制度。

在国家规定范围内，职工有要求在劳动中保证安全和健康的权利。

(二)《建设工程安全生产管理条例》

建设工程安全生产管理条例(摘选)

(国务院第 393 号令发布)

第一章 总 则

第一条 为了加强建设工程安全生产监督管理，保障人民群众生命和财产安全，根据《中华人民共和国建筑法》、《中华人民共和国安全生产法》，制定本条例。

第二条 在中华人民共和国境内从事建设工程的新建、扩建、改建和拆除等有关活动及实施对建设工程安全生产的监督管理，必须遵守本条例。

本条例所称建设工程，是指土木工程、建筑工程、线路管道和设备安装工程及装修工程。

第三条 建设工程安全生产管理，坚持安全第一、预防为主的方针。

第四条 建设单位、勘察单位、设计单位、施工单位、工程监理单位及其他与建设工程安全生产有关的单位，必须遵守安全生产法律、法规的规定，保证建设工程安全生产，依法承担建设工程安全生产责任。

第二章 建设单位的安全责任

第六条 建设单位应当向施工单位提供施工现场及毗邻区域内供水、排水、供电、供气、供热、通信、广播电视等地下管线资料，气象和水文观测资料，相邻建筑物和构筑物、地下工程的有关资料，并保证资料的真实、准确、完整。

建设单位因建设工程需要，向有关部门或者单位查询前款规定的资料时，有关部门或者单位应当及时提供。

第十条 建设单位在申请领取施工许可证时，应当提供建设工程有关安全施工措施的资料。

依法批准开工报告的建设工程，建设单位应当自开工报告批准之日起 15 日内，将保证安全施工的措施报送建设工程所在地的县级以上地方人民政府建设行政主管部门或者其他有关部门备案。

第四章 施工单位的安全责任

第二十条 施工单位从事建设工程的新建、扩建、改建和拆除等活动，应当具备国家规定的注册资本、专业技术人员、技术装备和安全生产等条件，依法取得相应等级的资质证书，并在其资质等级许可的范围内承揽工程。

第二十一条　施工单位主要负责人依法对本单位的安全生产工作全面负责。施工单位应当建立健全安全生产责任制度和安全生产教育培训制度，制定安全生产规章制度和操作规程，保证本单位安全生产条件所需资金的投入，对所承担的建设工程进行定期和专项安全检查，并做好安全检查记录。

施工单位的项目负责人应当由取得相应执业资格的人员担任，对建设工程项目的安全施工负责，落实安全生产责任制度、安全生产规章制度和操作规程，确保安全生产费用的有效使用，并根据工程的特点组织制定安全施工措施，消除安全事故隐患，及时、如实报告生产安全事故。

第二十三条　施工单位应当设立安全生产管理机构，配备专职安全生产管理人员。

专职安全生产管理人员负责对安全生产进行现场监督检查。发现安全事故隐患，应当及时向项目负责人和安全生产管理机构报告；对于违章指挥、违章操作的，应当立即制止。

专职安全生产管理人员的配备办法由国务院建设行政主管部门会同国务院其他有关部门制定。

第二十四条　建设工程实行施工总承包的，由总承包单位对施工现场的安全生产负总责。

总承包单位应当自行完成建设工程主体结构的施工。

总承包单位依法将建设工程分包给其他单位的，分包合同中应当明确各自的安全生产方面的权利、义务。总承包单位和分包单位对分包工程的安全生产承担连带责任。

分包单位应当服从总承包单位的安全生产管理，分包单位不服从管理导致生产安全事故的，由分包单位承担主要责任。

第二十七条　建设工程施工前，施工单位负责项目管理的技术人员应当对有关安全施工的技术要求向施工作业班组、作业人员作出详细说明，并由双方签字确认。

第二十九条　施工单位应当将施工现场的办公、生活区与作业区分开设置，并保持安全距离；办公、生活区的选址应当符合安全性要求。职工的膳食、饮水、休息场所等应当符合卫生标准。施工单位不得在尚未竣工的建筑物内设置员工集体宿舍。

施工现场临时搭建的建筑物应当符合安全使用要求。施工现场使用的装配式活动房屋应当具有产品合格证。

第三十一条　施工单位应当在施工现场建立消防安全责任制度，确定消防安全责任人，制定用火、用电、使用易燃易爆材料等各项消防安全管理制度和操作规程，设置消防通道、消防水源，配备消防设施和灭火器材，并在施工现场入口处设置明显标志。

第三十二条　施工单位应当向作业人员提供安全防护用具和安全防护服装，并书面告知危险岗位的操作规程和违章操作的危害。

作业人员有权对施工现场的作业条件、作业程序和作业方式中存在的安全问题提出批评、检举和控告，有权拒绝违章指挥和强令冒险作业。

在施工中发生危及人身安全的紧急情况时，作业人员有权立即停止作业或者在采取必要的应急措施后撤离危险区域。

第三十三条　作业人员应当遵守安全施工的强制性标准、规章制度和操作规程，正确使用安全防护用具、机械设备等。

第三十四条　施工单位采购、租赁的安全防护用具、机械设备、施工机具及配件，应当具有生产(制造)许可证、产品合格证，并在进入施工现场前进行查验。

施工现场的安全防护用具、机械设备、施工机具及配件必须由专人管理，定期进行检查、维修和保养，建立相应的资料档案，并按照国家有关规定及时报废。

第三十六条　施工单位的主要负责人、项目负责人、专职安全生产管理人员应当经建设行政主管部门或者其他有关部门考核合格后方可任职。

施工单位应当对管理人员和作业人员每年至少进行一次安全生产教育培训，其教育培训情况记入个人工作档案。安全生产教育培训考核不合格的人员，不得上岗。

第三十七条　作业人员进入新的岗位或者新的施工现场前，应当接受安全生产教育培训。未经教育培训或者教育培训考核不合格的人员，不得上岗作业。

施工单位在采用新技术、新工艺、新设备、新材料时，应当对作业人员进行相应的安全生产教育培训。

第三十八条　施工单位应当为施工现场从事危险作业的人员办理意外伤害保险。

意外伤害保险费由施工单位支付。实行施工总承包的，由总承包单位支付意外伤害保险费。意外伤害保险期限自建设工程开工之日起至竣工验收合格止。

第六章　生产安全事故的应急救援和调查处理

第五十条　施工单位发生生产安全事故，应当按照国家有关伤亡事故报告和调查处理的规定，及时、如实地向负责安全生产监督管理的部门、建设行政主管部门或者其他有关部门报告；特种设备发生事故的，还应当同时向特种设备安全监督管理部门报告。接到报告的部门应当按照国家有关规定，如实上报。

实行施工总承包的建设工程，由总承包单位负责上报事故。

第五十一条　发生生产安全事故后，施工单位应当采取措施防止事故扩大，保护事故现场。需要移动现场物品时，应当做出标记和书面记录，妥善保管有关证物。

第五十二条　建设工程生产安全事故的调查、对事故责任单位和责任人的处罚与处理，按照有关法律、法规的规定执行。

第七章　法　律　责　任

第五十四条　违反本条例的规定，建设单位未提供建设工程安全生产作业环境及安全施工措施所需费用的，责令限期改正；逾期未改正的，责令该建设工程停止施工。

建设单位未将保证安全施工的措施或者拆除工程的有关资料报送有关部门备案的，责令限期改正，给予警告。

第五十五条　违反本条例的规定，建设单位有下列行为之一的，责令限期改正，处20万元以上50万元以下的罚款；造成重大安全事故，构成犯罪的，对直接责任人员，依照刑法有关规定追究刑事责任；造成损失的，依法承担赔偿责任。

第五十七条　违反本条例的规定，工程监理单位有下列行为之一的，责令限期改正；逾期未改正的，责令停业整顿，并处10万元以上30万元以下的罚款；情节严重的，降低资质等级，直至吊销资质证书；造成重大安全事故，构成犯罪的，对直接责任人员，依照刑法有关规定追究刑事责任；造成损失的，依法承担赔偿责任。

第五十八条 注册执业人员未执行法律、法规和工程建设强制性标准的，责令停止执业3个月以上1年以下；情节严重的，吊销执业资格证书，5年内不予注册；造成重大安全事故的，终身不予注册；构成犯罪的，依照刑法有关规定追究刑事责任。

第五十九条 违反本条例的规定，为建设工程提供机械设备和配件的单位，未按照安全施工的要求配备齐全有效的保险、限位等安全设施和装置的，责令限期改正，处合同价款1倍以上3倍以下的罚款；造成损失的，依法承担赔偿责任。

第六十条 违反本条例的规定，出租单位出租未经安全性能检测或者经检测不合格的机械设备和施工机具及配件的，责令停业整顿，并处5万元以上10万元以下的罚款；造成损失的，依法承担赔偿责任。

第六十四条 违反本条例的规定，施工单位有下列行为之一的，责令限期改正；逾期未改正的，责令停业整顿，并处5万元以上10万元以下的罚款；造成重大安全事故，构成犯罪的，对直接责任人员，依照刑法有关规定追究刑事责任：

（一）施工前未对有关安全施工的技术要求作出详细说明的；

（二）未根据不同施工阶段和周围环境及季节、气候的变化，在施工现场采取相应的安全施工措施，或者在城市市区内的建设工程的施工现场未实行封闭围挡的；

（三）在尚未竣工的建筑物内设置员工集体宿舍的；

（四）施工现场临时搭建的建筑物不符合安全使用要求的；

（五）未对因建设工程施工可能造成损害的毗邻建筑物、构筑物和地下管线等采取专项防护措施的。

施工单位有前款规定第（四）项、第（五）项行为，造成损失的，依法承担赔偿责任。

第六十五条 违反本条例的规定，施工单位有下列行为之一的，责令限期改正；逾期未改正的，责令停业整顿，并处10万元以上30万元以下的罚款；情节严重的，降低资质等级，直至吊销资质证书；造成重大安全事故构成犯罪的，对直接责任人员，依照刑法有关规定追究刑事责任；造成损失的，依法承担赔偿责任：

（一）安全防护用具、机械设备、施工机具及配件在进入施工现场前未经查验或者查验不合格即投入使用的；

（二）使用未经验收或者验收不合格的施工起重机械和整体提升脚手架、模板等自升式架设设施的；

（三）委托不具有相应资质的单位承担施工现场安装、拆卸施工起重机械和整体提升脚手架、模板等自升式架设设施的；

（四）在施工组织设计中未编制安全技术措施、施工现场临时用电方案或者专项施工方案的。

第八章　附　则

第六十九条 抢险救灾和农民自建低层住宅的安全生产管理，不适用本条例。

第七十条 军事建设工程的安全生产管理，按照中央军事委员会的有关规定执行。

第七十一条 本条例自2004年2月1日起施行。

（三）安全生产许可证条例

安全生产许可证条例（摘选）

（中华人民共和国国务院第 397 号令发布）

第一条 为了严格规范安全生产条件，进一步加强安全生产监督管理，防止和减少生产安全事故，根据《中华人民共和国安全生产法》的有关规定，制定本条例。

第四条 国务院建设主管部门负责中央管理的建筑施工企业安全生产许可证的颁发和管理。

省、自治区、直辖市人民政府建设主管部门负责前款规定以外的建筑施工企业安全生产许可证的颁发和管理，并接受国务院建设主管部门的指导和监督。

第六条 企业取得安全生产许可证，应当具备下列安全生产条件：

（一）建立、健全安全生产责任制，制定完备的安全生产规章制度和操作规程；

（二）安全投入符合安全生产要求；

（三）设置安全生产管理机构，配备专职安全生产管理人员；

（四）主要负责人和安全生产管理人员经考核合格；

（五）特种作业人员经有关业务主管部门考核合格，取得特种作业操作资格证书；

（六）从业人员经安全生产教育和培训合格；

（七）依法参加工伤保险，为从业人员缴纳保险费；

（八）厂房、作业场所和安全设施、设备、工艺符合有关安全生产法律、法规、标准和规程的要求；

（九）有职业危害防治措施，并为从业人员配备符合国家标准或者行业标准的劳动防护用品；

（十）依法进行安全评价；

（十一）有重大危险源检测、评估、监控措施和应急预案；

（十二）有生产安全事故应急救援预案、应急救援组织或者应急救援人员，配备必要的应急救援器材、设备；

（十三）法律、法规规定的其他条件。

第八条 安全生产许可证由国务院安全生产监督管理部门规定统一的式样。

第九条 安全生产许可证的有效期为 3 年。安全生产许可证有效期需要延期的，企业应当于期满前 3 个月向原安全生产许可证颁发管理机关办理延期手续。

企业在安全生产许可证有效期内，严格遵守有关安全生产的法律法规，未发生死亡事故的，安全生产许可证有效期届满时，经原安全生产许可证颁发管理机关同意，不再审查，安全生产许可证有效期延期 3 年。

第十三条 企业不得转让、冒用安全生产许可证或者使用伪造的安全生产许可证。

第十四条 企业取得安全生产许可证后，不得降低安全生产条件，并应当加强日常安全生产管理，接受安全生产许可证颁发管理机关的监督检查。

安全生产许可证颁发管理机关应当加强对取得安全生产许可证的企业的监督检查，发现其不再具备本条例规定的安全生产条件的，应当暂扣或者吊销安全生产许可证。

第十九条 违反本条例规定，未取得安全生产许可证擅自进行生产的，责令停止生产，没收违法所得，并处 10 万元以上 50 万元以下的罚款；造成重大事故或者其他严重后果，构成犯罪的，依法追究刑事责任。

第二十一条 违反本条例规定，转让安全生产许可证的，没收违法所得，处 10 万元以上 50 万元以下的罚款，并吊销其安全生产许可证；构成犯罪的，依法追究刑事责任；接受转让的，依照本条例第十九条的规定处罚。

冒用安全生产许可证或者使用伪造的安全生产许可证的，依照本条例第十九条的规定处罚。

第二十二条 本条例施行前已经进行生产的企业，应当自本条例施行之日起 1 年内，依照本条例的规定向安全生产许可证颁发管理机关申请办理安全生产许可证；逾期不办理安全生产许可证，或者经审查不符合本条例规定的安全生产条件，未取得安全生产许可证，继续进行生产的，依照本条例第十九条的规定处罚。

第二十三条 本条例规定的行政处罚，由安全生产许可证颁发管理机关决定。

第二十四条 本条例自公布之日起施行。（2004 年 1 月 19 日公布）

（四）国务院关于进一步加强安全生产工作的决定

国务院关于进一步加强安全生产工作的决定

（国发〔2004〕2 号，2004 年 1 月 9 日颁发）

安全生产关系人民群众生命和国家财产安全，关系改革发展和社会稳定大局。党中央、国务院高度重视安全生产工作，建国以来特别是改革开放以来，采取了一系列重大举措加强安全生产工作，颁布实施了《中华人民共和国安全生产法》（以下简称《安全生产法》）等法律法规，明确了安全生产责任；初步建立了安全生产监管体系，安全生产监督管理得到加强；对重点行业和领域集中开展了安全专项整治，生产经营秩序和安全生产条件有所改善，安全生产状况总体上趋于稳定好转。但是，目前全国的安全生产形势依然严峻，煤矿、道路交通、建筑等领域伤亡事故多发的状况尚未根本扭转；安全生产基础比较薄弱，保障体系和机制不健全；部分地方和生产经营单位安全意识不强，责任不落实，投入不足；安全生产监督管理机构、队伍建设以及监管工作亟待加强。为了进一步加强安全生产工作，尽快实现我国安全生产局面的根本好转，特作如下决定：

一、提高认识，明确指导思想和奋斗目标

1. 充分认识安全生产工作的重要性。搞好安全生产工作，切实保障人民群众生命和国家财产安全，体现了最广大人民群众的根本利益，反映了先进生产力的发展要求和先进文化的前进方向。做好安全生产工作是全面建设小康社会、统筹经济社会全面发展的重要内容，是实施可持续发展战略的组成部分，是政府履行社会管理和市场监管职能的基本任务，是企业生存发展的基本要求。我国目前尚处于社会主义初级阶段，要实现安全生产状况的根本好转，必须付出持续不懈的努力。各地区、各部门要把安全生产作为一项长期艰巨的任务，警钟长鸣，常抓不懈，从全面贯彻落实"三个代表"重要思想，维护人民生命和国家财产安全的高度，充分认识加强安全生产工作的重要意义和现实紧迫性，动员全社会力量，齐抓共管，全力推进。

2. 指导思想。认真贯彻"三个代表"重要思想，适应全面建设小康社会的要求和完善社会主义市场经济体制的新形势，坚持"安全第一、预防为主"的基本方针，进一步强化政府对安全生产工作的领导，大力推进安全生产各项工作，落实生产经营单位安全生产主体责任，加强安全生产监督管理；大力推进安全生产监管体制、安全生产法制和执法队伍"三项建设"，建立安全生产长效机制，实施科技兴安战略，积极采用先进的安全管理方法和安全生产技术，努力实现全国安全生产状况的根本好转。

3. 奋斗目标。到 2007 年，建立起较为完善的安全生产监管体系，全国安全生产状况稳定好转，矿山、危险化学品和建筑等重点行业和领域事故多发状况得到扭转，工矿企业事故死亡人数、煤矿百万吨死亡率、道路交通万车死亡率等指标均有一定幅度的下降。到 2010 年，初步形成规范完善的安全生产法治秩序，全国安全生产状况明显好转，重特大事故得到有效遏制，各类生产安全事故和死亡人数有较大幅度的下降。力争到 2020 年，我国安全生产状况实现根本性好转，亿元国内生产总值死亡率、十万人死亡率等指标达到或者接近世界中等发达国家水平。

二、完善政策，大力推进安全生产各项工作

4. 加强产业政策的引导。制定和完善产业政策，调整和优化产业结构。逐步淘汰技术落后、浪费资源和环境污染严重的工艺技术、装备及不具备安全生产条件的企业。通过兼并、联合、重组等措施，积极发展跨区域、跨行业经营的大公司、大集团和大型生产供应基地，提高有安全生产保障企业的生产能力。

5. 加大政府对安全生产的投入。加强安全生产基础设施建设和支撑体系建设，加大对企业安全生产技术改造的支持力度。运用长期建设国债和预算内基本建设投资，支持大中型国有煤炭企业的安全技术改造。各级地方人民政府要重视安全生产基础设施建设资金的投入，并积极支持企业安全技术改造，对国家安排的安全生产专项资金，地方政府要加强监督管理，确保专款专用，并安排配套资金予以保障。

6. 深化安全生产专项整治。坚持把矿山、道路和水上交通、危险化学品、民用爆破器材和烟花爆竹、人员密集场所消防安全等方面的安全生产专项整治，作为整顿和规范社会主义市场经济秩序的一项重要任务，持续不懈地抓下去。继续关闭取缔非法和不具备安全生产条件的小矿小厂、经营网点，遏制低水平重复建设。开展公路货车超限超载治理，保障道路交通安全。把安全生产专项整治与依法落实生产经营单位安全生产保障制度、加强日常监督管理以及建立安全生产长效机制结合起来，确保整治工作取得实效。

7. 健全完善安全生产法制。对《安全生产法》确立的各项法律制度，要抓紧制定配套法规规章。认真做好各项安全技术规范、标准的制定修订工作。各地区要结合本地实际，制定和完善《安全生产法》配套实施办法和措施。加大安全生产法律法规的学习宣传和贯彻力度，普及安全生产法律知识，增强全民安全生产法制观念。

8. 建立生产安全应急救援体系。加快全国生产安全应急救援体系建设，尽快建立国家生产安全应急救援指挥中心，充分利用现有的应急救援资源，建设具有快速反应能力的专业化救援队伍，提高救援装备水平，增强生产安全事故的抢险救援能力。加强区域性生产安全应急救援基地建设。搞好重大危险源的普查登记，加强国家、省（区、市）、市（地）、县（市）四级重大危险源监控工作，建立应急救援预案和生产安全预警机制。

9. 加强安全生产科研和技术开发。加强安全科学学科建设，积极发展安全生产普通高等教育，培养和造就更多的安全生产科技和管理人才。加大科技投入力度，充分利用高等院校、科研机构、社会团体等安全生产科研资源，加强安全生产基础研究和应用研究。

建立国家安全生产信息管理系统，提高安全生产信息统计的准确性、科学性和权威性。积极开展安全生产领域的国际交流与合作，加快先进的生产安全技术引进、消化、吸收和自主创新步伐。

三、强化管理，落实生产经营单位安全生产主体责任

10. 依法加强和改进生产经营单位安全管理。强化生产经营单位安全生产主体地位，进一步明确安全生产责任，全面落实安全保障的各项法律法规。生产经营单位要根据《安全生产法》等有关法律规定，设置安全生产管理机构或者配备专职（或兼职）安全生产管理人员。保证安全生产的必要投入，积极采用安全性能可靠的新技术、新工艺、新设备和新材料，不断改善安全生产条件。改进生产经营单位安全管理，积极采用职业安全健康管理体系认证、风险评估和安全评价等方法，落实各项安全防范措施，提高安全管理水平。

11. 开展安全质量标准化活动。制定和颁布重点行业、领域安全技术规范和安全质量工作标准，在全国所有工矿商贸、交通运输、建筑施工等企业普遍开展安全质量标准化活动。企业生产流程的各环节、各岗位要建立严格的安全质量责任制。生产经营活动和行为，必须符合安全生产有关法律、法规和安全技术规范的要求，做到规范化和标准化。

12. 搞好安全技术培训。加强安全生产培训工作，整合培训资源，完善培训网络，加大培训力度，提高培训质量。生产经营单位必须对所有从业人员进行必要的安全技术培训，其主要负责人及有关经营管理人员、重要工种人员必须按照有关法律、法规的规定，接受规范的安全培训，经考试合格，持证上岗。完善注册安全工程师考试、任职、考核制度。

13. 建立企业提取安全费用制度。为保证安全生产所需资金投入，形成企业安全生产投入的长效机制，借鉴煤矿提取安全费用的经验，在条件成熟后，逐步建立对高危行业生产企业提取安全费用制度。企业安全费用的提取，要根据地区和行业的特点，分别确定提取标准，由企业自行提取，专户储存，专项用于安全生产。

14. 依法加大生产经营单位对伤亡事故的经济赔偿。生产经营单位必须认真执行工伤保险制度，依法参加工伤保险，及时为从业人员缴纳保险费。同时，依据《安全生产法》等有关法律法规，向受到生产安全事故伤害的员工或家属支付赔偿金。进一步提高企业生产安全事故伤亡赔偿标准，建立企业负责人自觉保障安全投入机制，努力减少事故的机制。

四、完善制度，加强安全生产监督管理

15. 加强地方各级安全生产监管机构和执法队伍建设。县级以上各级地方人民政府要依照《安全生产法》的规定，建立健全安全生产监管机构，充实必要的人员，加强安全生产监管队伍建设，提高安全生产监管工作的权威，切实履行安全生产监管职能。完善煤矿安全监察体制，进一步加强煤矿安全监察队伍建设和监察执法工作。

16. 建立安全生产控制指标体系。要制订全国安全生产中长期发展规划，明确年度安全生产控制指标，建立全国和分省（区、市）的控制指标体系，对安全生产情况实行定量控制和考核。从 2004 年起，国家向各省（区、市）人民政府下达年度安全生产各项控制指标，并进行跟踪检查和监督考核。对各省（区、市）安全生产控制指标完成情况，国家安全生产监督管理部门将通过新闻发布会、政府公告、简报等形式，每季度公布一次。

17. 建立安全生产行政许可制度。把安全生产纳入国家行政许可的范围，在各行业的

行政许可制度中，把安全生产作为一项重要内容，从源头上制止不具备安全生产条件的企业进入市场。开办企业必须具备法律规定的安全生产条件。依法向政府有关部门申请、办理安全生产许可证，持证生产经营。新建、改建、扩建项目的安全设施必须与主体工程同时设计、同时施工、同时投入生产和使用(简称"三同时")，对未通过"三同时"审查的建设项目，有关部门不予办理行政许可手续，企业不准开工投产。

18. 建立企业安全生产风险抵押金制度。为强化生产经营单位的安全生产责任，各地区可结合实际，依法对矿山、道路交通运输、建筑施工、危险化学品、烟花爆竹等领域从事生产经营活动的企业，收取一定数额的安全生产风险抵押金，企业生产经营期间发生生产安全事故的，转作事故抢险救灾和善后处理所需资金。具体办法由国家安全生产监管部门会同财政部研究制定。

19. 强化安全生产监管监察行政执法。各级安全生产监管监察机构要增强执法意识，做到严格、公正、文明执法。依法对生产经营单位安全生产情况进行监督检查，指导督促生产经营单位建立健全责任制，落实各项安全防范措施。组织开展好企业安全评估，搞好分类指导和重点监管。对严重忽视安全生产的企业及其负责人，要依法加大行政执法和经济处罚的力度。认真查处各类事故，坚持事故原因未查清不放过、责任人员未处理不放过、整改措施未落实不放过、有关人员未受到教育不放过的"四不放过"原则，不仅要追究事故直接责任人的责任，同时要追究有关负责人的领导责任。

20. 加强对小企业的安全监管。小企业是安全生产管理的薄弱环节，各地要高度重视小企业的安全生产工作，切实加强监督管理。从组织领导、工作机制和安全投入等方面入手，逐步探索出一套行之有效的监管办法。坚持寓监督管理于服务之中，积极为小企业提供安全技术、人才、政策咨询等方面的服务，加强检查指导，督促帮助小企业搞好安全生产。要重视解决小煤矿安全生产投入问题，对乡镇及个体煤矿，要严格监督其按照有关规定提取安全费用。

五、加强领导，形成齐抓共管的合力

21. 认真落实各级领导安全生产责任。地方各级人民政府要建立健全领导干部安全生产责任制，把安全生产作为干部政绩考核的重要内容，逐级抓好落实。特别要加强县乡两级领导干部安全生产责任制的落实。加强对地方领导干部的安全知识培训和安全生产监管人员的执法业务培训。国家组织对市(地)、县(市)两级政府分管安全生产工作的领导干部进行培训；各省(区、市)要对县级以上安全生产监管部门负责人，分期分批进行执法能力培训。依法严肃查处事故责任，对存在失职、渎职行为，或对事故发生负有领导责任的地方政府、企业领导人，要依照有关法律法规严格追究责任。严厉惩治安全生产领域的腐败现象和黑恶势力。

22. 构建全社会齐抓共管的安全生产工作格局。地方各级人民政府每季度至少召开一次安全生产例会，分析、部署、督促和检查本地区的安全生产工作；大力支持并帮助解决安全生产监管在行政执法中遇到的困难和问题。各级安全生产委员会及办公室要积极发挥综合协调作用。安全生产综合监管及其他负有安全生产监督管理职责的部门要在政府的统一领导下，依照有关法律法规的规定，各负其责，密切配合，切实履行安全监管职能。各级工会、共青团组织要围绕安全生产，发挥各自优势，开展群众性安全生产活动。充分发挥各类协会、学会、中心等中介机构和社团组织的作用，构建信息、法律、技术装备、宣传教育、培训和应急救援等安全生产支撑体系。强化社会监督、群众监督和新闻媒体监督，丰富全国"安全生产月"、"安全生产万里行"等活动内容，努力构建"政府统一领导、部门依法监管、企业全面负责、群众参与监督、全社会广泛支持"的安全生产工作格局。

23. 做好宣传教育和舆论引导工作。把安全生产宣传教育纳入宣传思想工作的总体布局，坚持正确的舆论导向，大力宣传党和国家安全生产方针政策、法律法规和加强安全生产工作的重大举措，宣传安全生产工作的先进典型和经验；对严重忽视安全生产、导致重特大事故发生的典型事例，要予以曝光。在大中专院校和中小学开设安全知识课程，提高青少年在道路交通、消防、城市燃气等方面的识灾和防灾能力。

各地区、各部门和各单位要加强调查研究，注意发现安全生产工作中出现的新情况，研究新问题，推进安全生产理论、监管体制和机制、监管方式和手段、安全科技、安全文化等方面的创新，不断增强安全生产工作的针对性和实效性，努力开创我国安全生产工作的新局面，为完善社会主义市场经济体制，实现党的十六大提出的全面建设小康社会的宏伟目标创造安全稳定的环境。

三、安全生产责任制

完善安全管理体制，建立健全安全管理制度、安全管理机构和安全生产责任制是安全管理的重要内容，也是实现安全生产目标管理的组织保证。

（一）安全生产管理体系

在国务院领导下，成立了全国安全生产委员会，成员由各部委和全国总工会领导组成，共同担负起研究、统筹、协调、指导关系全局的重大安全生产问题，把各部委的力量调动和组织起来，用之于劳动保护、安全生产工作。各省、直辖市、自治区也相应成立安全生产委员会；同时，从1985年起我国实行国家监察、行政管理、群众(工会组织)监督相结合的管理体制。

1. 国家监察

由劳动部门按照国务院要求实施国家劳动安全监察，国家监察是一种执法监察，主要是监察国家法规、政策的执行情况，预防和纠正违反法规、政策的偏差，它不干预企事业内部执行法规、政策的方法、措施和步骤等具体事务，它不能替代行业管理部门日常管理和安全检查。

2. 行政管理

企业行政主管部门根据"管生产必须管安全"的原则。管理本行业的安全生产工作，建立安全管理机构，配备安全技术干部，组织贯彻执行国家安全生产方针、政策、法规；制定行业的规章制度和规范标准；对本行业安全生产工作进行计划、组织和监督检查、考核。

3. 群众(工会组织)监督

保护职工的安全健康是工会的职责。工会对危害职工安全健康的现象有抵制、纠正以至控告的权利，这是一种自下而上的群众监督。这种监督是与国家安全监察和行政管理相辅相成的，应密切配合、相互合作、互通情况，共同搞好安全生产工作。

（二）安全生产责任制

建立和健全以安全生产责任制为中心的各项安全管理制度，是保障安全生产的重要组织手段。没有规章制度，就没有准绳，无章可循，就容易出问题。

企业虽有大小，机构设置等也有所不同，但都应根据上级有关法规和本企业情况及需要建立健全各项基本的安全管理制度。保证安全生产方针的贯彻落实，使企业管理活动井然有序，有条、有理地进行安全生产。

1. 为什么要制定安全生产责任制

安全生产关系到企业全员、全层次、施工全过程的一件大事，因此，企业必须制定安全生产责任制。

安全生产责任制是企业岗位责任制的一个主要组成部分，是企业安全管理中最基本的一项制度。安全生产责任制是根据"管生产必须管安全"、"安全生产、人人有责"的原则，明确规定各级领导、各职能部门和各类人员在生产活动中应负的安全职责。有了安全生产责任制，就能把安全与生产从组织领导上统一起来，把管生产必须管安全的原则从制度上固定下来，从而增强了各级管理人员的安全责任心，使安全管理纵向到底、横向到边，专管成线，群管成网，责任明确，协调配合，共同努力，真正把安全生产工作落到实处。

2. 怎样制定安全生产责任制

国务院于 2004 年 2 月 1 日施行的《建设工程安全生产管理条例》和建设部 1991 第 15 号令颁发的《建设工程施工现场管理规定》对企业各级、各部门安全生产责任都提出了明确要求。因此，各单位应根据以上这些规定、条例要求和本单位建制及部门、人员分工情况，制定本单位安全生产责任制，使企业的安全生产工作层层有人负责，责任明确，做到齐抓共管，实行全员安全目标管理。一般可分为六个安全管理保证体系：

(1) 以企业经理(厂长)为首的各级生产指挥、安全管理保证体系；

(2) 以党委书记为首的各党委部门把思想政治工作贯穿于安全生产中的安全思想工作保证体系；

(3) 以工会主席为首的发挥工会组织"教育、协助、监督"职能的群众监督保证体系；

(4) 以团委书记为首的青年职工安全生产保证体系；

(5) 以总工程师、总经济师、总会计师为首的安全技术、安全技术措施计划、安全技术经费计划保证体系；

(6) 以安全部门为主的专业安全管理、检查保证体系。

3. 各级安全生产责任制的基本要求

(1) 企业经理(厂长)对本企业的安全生产负总的责任。各副经理对分管部门安全生产工作负责任。认真贯彻执行安全生产方针政策、法令和规章制度；定期向企业职工代表会议报告企业安全生产情况和措施；制订企业各级干部的安全责任制等制度；定期研究解决安全生产中的问题；组织审批安全技术措施计划并贯彻实施；定期组织安全检查和开展安全竞赛等活动；对职工进行安全和遵章守纪教育，督促各级领导干部和各职能单位的职工做好本职范围内的安全工作；总结与推广安全生产先进经验；主持轻重伤事故的调查分析，提出处理意见和改进措施，并督促实施。

(2) 企业总工程师(主任工程师或技术负责人)对本企业安全生产的技术工作负总的责任。在组织编制和审批施工组织设计(施工方案)和采用新技术、新工艺、新设备、新材料时，必须制定相应的安全技术措施；负责提出改善劳动条件的项目和实施措施，并付诸实现；对职工进行安全技术教育；及时解决施工中的安全技术问题；参加重大伤亡事故的调查分析，提出技术鉴定意见和改进措施。

(3) 工区(工程处、厂、站)主任、施工队长应对本单位安全生产工作负具体领导责任。认真执行安全生产规章制度，不违章指挥；制定和实施安全技术措施；经常进行安全检查，消除事故隐患，制止违章作业；对职工进行安全技术知识和安全纪律教育；发生伤亡事故要及时上报并认真分析事故原因，提出和实现改进措施。

(4) 工长、施工员、车间主任、工程项目负责人(承包人)对所管工程的安全生产负直接责任。组织实施安全技术措施，进行技术安全交底，对施工现场搭设的架子和安装电气、机械设备等安全防护装置，都要组织验收，合格后方能使用；不违章指挥；组织工人学习安全操作规程，教育工人不违章作业；认真消除事故隐患；发生工伤事故立即上报，保护现场，参加调查处理。

(5) 班组长要模范遵守安全生产规章制度，带领本组安全作业，认真执行安全交底；有权拒绝违章指挥；班前要对所使用的机具、设备、防护用具及作业环境进行安全检查，发现问题立即采取改进措施；组织班组安全活动日，开好班前安全生产会；发生工伤事故要立即向工长报告。

(6) 企业中的生产、技术、机动、材料、财务、教育、劳资、卫生等各职能机构，都应在各自业务范围内，对实现安全生产的要求负责。

生产部门要合理组织生产，贯彻安全规章制度和施工组织设计(施工方案)；加强现场安全管理，建立安全生产、文明生产秩序。

技术部门要严格遵照国家有关安全技术规程、标准编制设计、施工、工艺等技术文件，提出相应的安全技术措施；编制安全技术规程；负责安全设备、仪表等的技术鉴定和安全技术科研项目的研究工作。

机械动力部门对一切机电设备，必须配齐安全防护保险装置，加强对机电设备、锅炉和压力容器的检查、维修、保养，确保安全运转，培训操作人员。

材料部门对实现安全技术措施所需材料和劳动保护用品，保证供应；采购时要严格把好质量关，特种劳动保护用品和安全防护器材必须要有产品合格证，同时要定期检验。不合格的要报废更新。

财务部门要按照规定提供实现安全技术措施的经费、保证专款专用，并监督其合理使用。

教育部门负责将安全教育纳入全员培训计划，组织职工的安全技术训练。

劳动工资部门要配合安全部门做好新工人、调换岗位工人、特种作业工人的培训、考核、发证工作；贯彻劳逸结合，严格控制加班加点，对因工伤残和患职业病职工及时安排适当的工作。

卫生部门负责对职工的定期健康检查；现场劳动卫生工作；监测有毒有害作业场所的尘毒浓度；提出职业病预防和改善卫生条件的措施。

(7) 安全机构和专职人员应做好安全管理工作和监督检查工作，其主要的职责是：

① 贯彻执行安全法规、条例、标准、规定；

② 做好安全生产的宣传教育和管理工作，总结交流推广先进经验；

③ 经常深入基层，指导下级安全技术人员的工作，掌握安全生产情况，调查研究生产中的不安全问题，提出改进意见和措施；

④ 组织安全活动和定期安全检查；

⑤ 参加审查施工组织设计（施工方案）和安全技术措施计划，并对贯彻执行情况进行督促检查；

⑥ 与有关部门共同做好新工人、特种作业工人的安全技术训练、考核、发证工作；

⑦ 进行工伤事故统计、分析和报告，参加工伤事故的调查和处理；

⑧ 制止违章指挥和违章作业，遇有严重险情，有权暂停施工（生产），并报告领导处理；

⑨ 对违反安全规定和有关安全技术劳动法规的行为，经教育劝阻无效时，有权越级上告。

（8）在有几个施工单位联合施工时，应由总包单位统一组织现场的安全生产工作，分包单位必须服从总包单位的指挥。对分包施工单位的工程，承包合同要明确安全责任，对不具备安全生产条件的单位，不得分包工程。

4. 怎样贯彻安全生产责任制

（1）提高安全生产思想认识。安全生产责任制能否切实贯彻执行，取决于各级领导的思想认识。各级领导应该自觉地执行安全生产各项规章制度，坚持"五同时"，做遵章守纪模范。

（2）要建立检查制度。企业的各级领导和职能部门必须经常和定期检查安全生产责任制的贯彻执行情况。对执行好的单位和个人，应当给予表扬，对不负责任，或者由于失职而造成工伤事故的，应给予批评和处分。

（3）安全生产责任制与经济效益挂钩。为了落实和巩固安全生产责任制，应将国家利益、企业经济效果和个人利益结合起来。安全生产责任制应与荣誉、提职升级和经济利益紧密挂钩。实践证明奖惩分明，效果较好。

（4）要发动和依靠群众监督。一个制度贯彻好坏，需要有群众的监督。安全生产责任制的贯彻执行，也必须发挥群众监督作用，在制订安全生产责任制时，要充分发动群众参加讨论，广泛听取群众的意见，制度制定后，要广泛进行宣传教育，使人人都明白，除能自觉遵守外，还要监督他人遵守。

（5）安全生产责任制与经济承包挂钩，实行承包经营责任制必须明确各类人员的安全生产责任制。对此，国家也有明确规定。

全国安全生产委员会在《关于重视安全生产 控制伤亡事故恶化的意见》中指出："各级经济承包责任制一定要有安全承包内容，要同产量、质量、利润等经济技术指标一样，有安全保证指标和措施。没有安全承包内容的方案不能实施。"文件还指出，"企业的经济承包方案要征求工会和安全部门的意见，提交职工代表大会审议通过。"国务院领导还指出："企业在推行承包经营责任制中要把对安全生产的要求当作一项重要的承包内容加以落实。"因此无论是企业内部经营承包责任合同，或是企业间总、分包经营合同，都必须有安全生产专篇或专项条款，必须明确承包期间要实现的各种安全指标、检查考核评价、伤亡事故控制率、安全设施完好率、尘毒浓度合格率、职工安全技术培训普及程度等达标措施（包括组织、安全技术和安全措施经费的提取使用等）、监督考核办法和奖罚标准。内容要具体、范围要清楚、标准要明确，这样就能把安全生产各项要求形成各种硬指标，实现安全目标管理。

5. 建立和健全安全档案资料。安全档案资料是安全基础工作之一，也是检查考核落实安全责任制的资料依据，同时它为安全管理工作提供分析、研究资料，从而能够掌握安全动态，以便对每个时期的安全工作进行目标管理，达到预测、预报、预防事故的目的，安全档案资料也是现代化安全管理(如微机的应用)的基础。为此，安全档案资料工作越来越引起重视，并对资料分类规范化、标准化进行研究。

根据建设部《建筑施工安全检查标准》JGJ 59—99 等要求，关于施工企业应建立的安全管理基础资料包括：

① 安全组织机构；

② 安全生产规章制度；

③ 安全生产宣传教育、培训；

④ 安全技术资料(计划、措施、交底、验收)；

⑤ 安全检查考核(包括隐患整改)；

⑥ 班组安全活动；

⑦ 奖罚资料；

⑧ 伤亡事故档案；

⑨ 有关文件，会议记录；

⑩ 总、分包工程安全文件资料。

安全管理资料的建档工作：一是要认真收集、积累资料；二是要定期对资料的整理和鉴定，保证资料的真实性、完整性和保存的价值性；三是将资料分科目、编号、装订归档。

(三) 安全技术措施计划

1. 有关名词的含义

(1) 安全技术措施计划，系指企业从全局出发编制的年度或数年间在安全技术工作上的规划。

(2) 安全技术：即为控制或消除生产过程中的危险因素，防止发生人身事故，而研究与应用的技术。简单来说，安全技术就是劳动安全方面的各种技术措施的总称。安全技术的基本任务：①分析生产过程中引起伤亡事故的原因，采取各种技术措施，消除隐患，预防事故发生；②掌握与积累各种资料，以便作为制定有关安全法令、规程、标准及企业的安全技术操作规程、制度的依据；③编写安全生产宣传教育材料；④研究并制定分析伤亡事故的办法。

(3) 安全技术措施，系指为防止工伤事故和职业病的危害，从技术上采取的措施。

工程施工中，针对工程的特点、施工现场环境、施工方法、劳动组织、作业方法、使用的机械、动力设备、变配电设施、架设工具以及各项安全防护设施等制定的确保安全施工的措施，称为施工安全技术措施。

2. 安全技术措施计划的编制

(1) 编制安全技术措施计划的原则

1) 企业的安全技术措施计划应在编制企业的生产财务计划的同时进行编制。生产财务计划是企业综合性生产活动的整体计划，安全技术措施应该且必须纳入这个整体计划，这也是安全与生产统一整体的具体体现。

2) 安全技术措施计划的编制与执行应当纳入企业的议事日程，由各级负责生产、技术的领导具体负责这项工作。企业的安全技术部门（或专职人员）在这一工作中，应成为领导的参谋和助手，与有关部门密切配合共同做好这一工作。

3) 应考虑必要与可能，掌握花钱少、效果大的原则。要从本企业的实际出发，不要制订那些现阶段根本办不到的、花钱太多的、不切合实际的计划。当然，还应该充分利用本单位的有利条件，制订出科学、先进、可靠、实用的安全技术措施计划。

4) 既要抓住安全生产的关键问题，也要考虑迫切需要解决的一般问题，以便集中力量有计划地先解决那些严重影响职工安全健康的重大问题。

5) 贯彻以改革工艺与技术革新相结合的原则，是减少不安全因素的一条有效途径。

（2）编制安全技术措施计划的方法

1) 根据管理生产必须管安全的原则，各公司经理（厂长）、总工程师，各工程处（工区、车间）主任、主任工程师（或技术负责人）对本单位编制与执行安全技术措施计划负主要责任。其他有关领导在各自管辖范围内负分管职责。如管财务的领导，要对安全技术措施计划所需经费负责，做到专款专用、按时支付，不得挪作他用。

2) 编制程序。企业一般应在每年第四季度开始编制下年度的安全生产技术措施计划。①管生产的经理（厂长）、总工程师向工程处（工区）等下属单位的领导布置编制计划的具体要求。②工程处（工区）等单位生产主任、主任工程师（或技术负责人）组织安全、生产、计划、技术等职能部门人员，配合工会广泛吸收职工群众意见和合理化建议，编制出年度安全技术措施计划，经审查批准后，上报公司（厂）。③公司（厂）安全部门负责将各下属单位上报的安全技术措施计划，初步审查汇总后，交公司主管领导。公司主管领导会同工会，组织安全、生产、计划、技术、财务、设备（机动）、材料等有关部门详细讨论，确定项目、明确设计、施工（制作）、资金限额、设备材料来源、实施单位及负责人，并限定完成期限。④上报主管部门审查批复。⑤各单位根据批准的安全技术措施计划、组织实施。

3) 安全技术措施计划的实施。为保证安全技术措施计划的实施，在实施中必须抓好以下几个环节：

① 思想保证。各级领导必须首先从思想上要对批准后的《计划》高度重视。从而确立实施安全技术措施计划的严肃性，把这项计划的实施列入日程，认真地组织人力、财力、保证计划实施，"计划"一经批准，任何人不得擅自修改。如果由于各种原因，必须调整、变更内容时，也应按报批程序办理变更手续。

② 经费保证。安全技术措施经费，是实施安全技术措施计划的物质基础，只有保证预算经费和专款专用，才能保证计划的实现。

③ 计划执行的保证。安全技术措施计划经批准后，要纳入单位年度施工（生产）计划、财务计划、材料供应计划、机械设备购置（制作）计划，以保证安全技术措施计划有步骤地实施和按期实现。

④ 监督检查的保证。各级安全、卫生等部门和工会组织，对安全技术措施计划实施情况，要经常性地进行监督检查。企业领导要关心和经常了解计划的实施进展情况，深入现场检查，听取安全技术、卫生等检查部门汇报，及时研究解决计划实施过程中的重大问

题。做到在汇报、检查和总结生产的同时将安全技术措施计划的实施工作情况列入议程。

安全技术措施计划项目完成后，还要组织验收。

第二节 安 全 教 育

一、安全教育内容

安全教育，主要包括安全生产思想、安全知识、安全技能和法制教育四个方面的教育。

（一）安全生产思想教育

安全思想教育的目的是为安全生产奠定思想基础。通常从加强思想路线和方针政策教育、劳动纪律教育两个方面进行。

1. 思想路线和方针政策的教育，一是提高各级领导干部和广大职工群众对安全生产重要意义的认识。从思想上、理论上认识社会主义制度下搞好安全生产的重大意义，以增强关心人、保护人的责任感，树立牢固的群众观点。二是通过安全生产方针、政策教育，提高各级领导、管理干部和广大职工的政策水平，使他们正确全面地理解党和国家的安全生产方针、政策，严肃认真地执行安全生产方针、政策和法规。

2. 劳动纪律教育，主要是使广大职工懂得严格执行劳动纪律对实现安全生产的重要性。企业的劳动纪律是劳动者进行共同劳动时必须遵守的规则和秩序。反对违章指挥，反对违章作业，严格执行安全操作规程，遵守劳动纪律是贯彻安全生产方针、减少伤亡事故、实现安全生产的重要保证。

（二）安全知识教育

企业所有职工必须具备安全基本知识。因此，全体职工都必须接受安全知识教育和每年按规定学时进行安全培训。安全基本知识教育的主要内容是企业的基本生产概况，施工（生产）流程、方法、企业施工（生产）危险区域及其安全防护的基本知识和注意事项，机械设备、厂（场）内运输的有关安全知识，有关电器设备（动力照明）的基本安全知识，高处作业安全知识、生产（施工）中使用的有毒有害原材料或可能散发的有毒有害物质的安全防护基本知识，消防制度及灭火器材应用的基本知识，个人防护用品的正确使用知识等等。

（三）安全技能教育

安全技能教育就是结合本工种专业特点，实现安全操作、安全防护所必须具备的基本技术知识的教育。每个职工都要熟悉本工种、本岗位专业安全技术知识。安全技能知识是比较专门、细致和深入的知识。它包括安全技术、劳动卫生和安全操作规程。国家规定建筑登高架设、起重、焊接、电气、爆破、压力容器、锅炉等特种作业人员必须进行专门的安全技术培训，并经考试合格，持证上岗。

在开展安全生产教育中，可以结合典型经验和事故教训进行教育。因此，要注意收集本单位和外单位的先进经验及事故教训。宣传先进经验，既是教育职工找差距的过程，又是学、赶先进的过程；事故教育可以从事故教训中吸取有益的东西，防止今后类似事故的发生。

（四）法制教育

定期和不定期对全体职工进行遵纪守法的教育，以杜绝违章指挥、违章作业的现象发生。

二、安全教育的基本要求

安全教育应根据教育对象的不同特点有针对性地组织进行,这样会取得更好的教育效果。安全教育应该做到下列几点:

(一)领导干部必须先受教育,目的是为了提高领导的安全生产管理水平

安全生产工作是企业管理的一个组成部分,企业领导是安全生产工作者第一责任者。"安全工作好不好,关键在领导",而"关键的关键又在于领导的安全意识强不强"。当然,任何人都不希望发生事故。但是,有些领导往往忙于生产、抓进度(施工产值)而忽视安全,特别是在没有发生事故时,思想上容易麻痹,看不到安全工作的重要性。因此,对生产过程中存在的危险预防不力,事故来临时措手不及。同时,由于安全的依附性,生产发展或变革的期间也往往会随之产生生产与安全的矛盾。因此,安全思想是非常重要的。特别是领导的思想提高了,就能将安全生产工作列入重要议事日程,带头遵守安全生产规章制度,必然会对群众起到有效的教育作用,促进了安全管理。因此,领导首先要自觉地接受安全教育,学习安全法规、安技知识,提高安全意识和安全管理工作的领导水平。企业主管部门也应经常对企业领导干部进行安全生产工作宣传教育、考核。目前,已有不少省(市、地区)建立了经理(厂长、矿长)劳动安全培训考核制度。

(二)新工人三级安全教育

三级教育是企业必须坚持的安全生产基本教育制度。新员工(包括新招收的合同工、临时工、农民工及实习人员)都必须接受厂(公司)、车间(工区、工程处)、班组的三级安全教育。

三级安全教育一般由安全、教育和劳资等部门配合组织进行。新员工经教育考试合格者才准许进入生产岗位;不合格者必须补课、补考。新员工的三级安全教育情况,要建立档案(有的单位印制了职工安全生产教育卡)。新员工工作后一个阶段还应进行重复性的安全再教育,以加深对安全的感性、理性认识。

三级安全教育的主要内容:

1. 公司(厂)进行安全基本知识、法规、法制教育,主要内容是:

(1)党和国家的安全生产方针、政策;

(2)安全生产法规、标准和法制观念;

(3)本单位施工(生产)过程及安全生产规章制度,安全纪律;

(4)本单位安全生产形势、历史上发生的重大事故及应吸取的教训;

(5)发生事故后如何抢救伤员、排险、保护现场和及时报告。

2. 工区(工程处、车间)进行现场规章制度和遵章守纪教育,主要内容是:

(1)本单位(工区、工程处、车间)施工(生产)特点及施工(生产)安全基本知识;

(2)本单位(包括施工、生产场地)安全生产制度、规定及安全注意事项;

(3)本工种的安全技术操作规程;

(4)机械设备、电气安全及高处作业等安全基本知识;

(5)防火、防毒、防尘、防爆知识及紧急情况安全处置和安全疏散知识;

(6)防护用品发放标准及防护用具、用品使用的基本知识。

3. 班组安全生产教育由班组长主持进行,或由班组安全员及指定技术熟练、重视安全生

产的老工人讲解。进行本工种岗位安全操作及班组安全制度、纪律教育，主要内容是：

（1）本班组作业特点及安全操作规程；

（2）班组安全活动制度及纪律；

（3）爱护和正确使用安全防护装置（设施）及个人劳动防护用品；

（4）本岗位易发生事故的不安全因素及其防范对策；

（5）本岗位的作业环境及使用的机械设备、工具的安全要求。

（三）特种作业人员的培训

1. 确定特种作业范围和培训依据。1986 年 3 月 1 日起实施的 GB 5306—85《特种作业人员安全技术考核管理规则》是我国第一个特种作业人员安全管理方面的国家标准，该标准对特种作业的定义、范围、人员条件和培训、考核、管理都作了明确规定。

2. 特种作业的定义是"对操作者本人，尤其对他人和周围设施的安全有重大危害因素的作业，称为特种作业"。直接从事特种作业者，称特种作业人员。

3. 特种作业范围：①电工作业；②锅炉司炉；③压力容器操作；④起重机械操作；⑤爆破作业；⑥金属焊接（气焊）作业；⑦煤矿井下瓦斯检验；⑧机动车辆驾驶、轮机操作；⑨机动船舶驾驶；⑩建筑登高架设作业；⑪符合特种作业基本定义的其他作业。

4. 从事特种作业的人员，必须经国家规定的有关部门进行安全教育和安全技术培训，并经考核合格取得操作证者，方准独立作业。同时，除机动车辆驾驶和机动船舶驾驶，轮机操作人员按国家有关规定执行外，其他特种作业人员两年进行一次复审。

（四）经常性教育

安全教育培训工作，必须做到经常化、制度化。

1. 把经常性的普及教育贯穿于管理全过程，并根据接受教育对象的不同特点，采取多层次、多渠道和多种活动方法，可以取得良好的效果。

经常性教育主要内容包括：①上级的劳动保护、安全生产法规及有关文件、指示；②各部门、科室和每个职工的安全责任；③遵章守纪；④事故案例及教训和先进安全技术、革新成果等。

2. 采用新技术、新工艺、新设备、新材料和调换工作岗位时，要对操作人员进行新技术操作和新岗位的安全教育，未经教育不得上岗操作。

3. 班组应每周安排一个安全活动日，各班组可利用班前或班后时间进行。其内容是：①学习党、国家和企业随时下达的安全生产规定和文件；②回顾上周安全生产情况，提出下周安全生产要求；③分析班组工人安全思想动态及现场安全生产形势，表扬好人好事和需吸取的教训。

此外，除上述基本教育制度外，各地区、各单位还创造和积累了许多行之有效的安全教育培训经验。例如，适时安全教育，就是根据建筑施工生产特点进行"五抓紧"的安全教育。即：工程突出赶任务，往往不注意安全，要抓紧教育；工程接近收尾时，容易忽视安全，要抓紧教育；施工条件好时，容易麻痹，要抓紧教育；季节气候变化，外界不安全因素多，要抓紧教育；节假日前后，思想不稳定，要抓紧教育。使之做到警钟长鸣。再如，纠正违章教育。企业对由于违反安全规章制度而导致重大险情或已造成事故的职工，进行违章纠正教育。教育内容为：违反的规章条文及危害，务使受教育者充分认识自己的过失和应吸取的教训。对于情节严重的违章事件，除教育责任者本人外，还应通过适当的形式以现身说法扩大教育面。

（五）安全教育培训形式

安全教育培训可以采取各种有效方式开展活动，如：建立安全教育室，举办多层次安全培训班，上安全课，举办安全知识讲座、报告会，进行图片和典型事故照片展览；放映电视教育片，举办以安全生产为内容的书画摄影展览，举办安全知识竞赛，出版黑板报、墙报、编印简报等。有的还给职工家属发送安全宣传品，动员职工家属进行安全生产监督，效果较好。总之，安全教育要避免枯燥无味和流于形式，可采取各种生动活泼的形式，并坚持经常化、制度化，应突出讲究实效。同时，应注意思想性、严肃性、及时性。进行事故教育时，要避免片面性、恐怖性，应正确指出造成事故的原因及防患于未然的措施。

第三节　事　故　管　理

（一）工伤事故的定义

企业职工发生伤亡，大体上分两类：

一是因工伤亡，即因生产（工作）而发生的；

二是非因工伤亡，即与生产（工作）无关造成的伤亡。

《企业职工伤亡事故报告和处理规定》（以下简称"规定"）统计的因工伤亡是指"职工在劳动过程中发生的"伤亡。具体来说，就是在企业生产活动所涉及到的区域内、在生产过程中、在生产时间、在生产岗位上、与生产直接有关的伤亡事故；及生产过程中存在的有害物质短期内大量侵入人体，使职工立即工作中断并须进行急救的中毒事故。或虽不在生产和工作岗位上，但由于企业设备或劳动条件不良而引起的职工伤亡，都应该算作因工伤亡事故而加以统计。

有些非生产性事故，如企业或上级机关举办体育运动比赛时发生的伤亡，文艺宣传队在演出过程中摔伤等，虽不属于"规定"统计范围，但根据实际情况，具体分析，可以按劳动保险方面的规定，分别确定享受因工、比照因工或非因工待遇。

（二）伤亡事故的分类

根据国务院 1991 年 3 月 1 日发布的《企业职工伤亡事故报告和处理规定》，职工在劳动过程中发生的人身伤害、急性中毒伤亡事故分为：轻伤、重伤、死亡、重大死亡事故。

建设部对工程建设过程中，按程度不同，把重大事故分为四个等级。

一级重大事故：死亡 30 人以上或直接经济损失 300 万元以上的；

二级重大事故：死亡 10 人以上，29 人以下或直接经济损失 100 万元以上，不满 300 万元的；

三级重大事故：死亡 3 人以上，9 人以下，重伤 20 人以上或直接经济损失 30 万元以上，不满 100 万元的；

四级重大事故，死亡 2 人以下，重伤 3 人以上、19 人以下或直接经济损失 10 万元以上，不满 30 万元。

关于事故严重程度的分类无客观技术标准，主要是能够适应行政管理的需要。

① 为便于区分事故之间严重程度，组织事故调查和在事故处理过程中便于记录和汇报。

② 适应安全管理机构、监察机关管理权限。

关于轻、重的划分既有政策方面的规定，又有一个复杂的医学问题。同时为了保证事故报告不跨月和伤亡数字的真实性，多数伤害要求在事故现场、抢救过程、医疗初诊时按劳动部 1960 年 5 月 23 日发布的《关于重伤事故范围的意见》给予确定；少数伤害可根据病情可能导致的结果来确定。因此，允许医疗终了鉴定与实际统计报告有差别。

根据《企业职工伤亡事故分类》GB 6441—86 规定的伤亡事故"损失工作日"即：轻伤，指损失 1 个工作日和不超过 105 日的失能伤害；重伤，指损失工作日等于和超过 105 日的失能伤害；死亡，损失工作日为 6000 工日。"损失工作日"的概念，其目的是估价事故在劳动力方面造成的损失，因此，某种伤害的损失工作日数一经确定，就为标准值，与伤害者的实际休息日无关。

（三）伤亡事故统计报告的目的

所谓事故，就是人们在进行有目的的活动过程中，发生了违背人们意愿的不幸事件，使其有目的的行动暂时或永久地停止称为事故。

职工伤亡事故统计报告是安全管理的一项重要内容，伤亡事故调查分析、统计报告的目的：

1. 及时反映企业安全生产状态，掌握事故情况，查明事故原因，分清责任，拟定改进措施，防止事故重复发生。

2. 分析比较各单位、各地区之间的安全工作情况，分析安全工作形势，为制定安全管理法规提供依据。

3. 事故资料是进行安全教育的宝贵材料，对生产、设计、科研工作也都有指导作用，为研究事故规律，消除隐患，保障安全，提供基础资料。

伤亡事故类别：

① 物体打击，指落物、滚石、锤击、碎裂崩块、碰伤等伤害，包括因爆炸而引起的物体打击；

② 车辆伤害，包括挤、压、撞、倾覆等；

③ 机具伤害，包括绞、碾、碰、割、戳等；

④ 起重伤害，指起重设备或操作过程中所引起的伤害；

⑤ 触电，包括雷击伤害；

⑥ 淹溺；

⑦ 灼烫；

⑧ 火灾；

⑨ 高处坠落，包括从架子、屋顶上坠落以及从平地坠入地坑等；

⑩ 坍塌，包括建筑物、堆置物、土石方倒塌等；

⑪ 冒顶片帮；

⑫ 透水；

⑬ 放炮；

⑭ 火药爆炸，指生产、运输、储藏过程中发生的爆炸；

⑮ 瓦斯爆炸，包括煤粉爆炸；

⑯ 锅炉爆炸；

⑰ 容器爆炸；

⑱ 其他爆炸，包括化学爆炸、炉膛、钢水包爆炸等；

⑲ 中毒和窒息，指煤气、油气、沥青、化学、一氧化碳中毒等；

⑳ 其他伤害、扭伤、跌伤、野兽咬伤等。

(四) 伤亡事故处理程序

发生伤亡事故后，负伤人员或最先发现事故的人应立即报告领导。企业对受伤人员歇工满一个工作日以上的事故，要填写伤亡事故登记表并应及时上报。

企业发生重伤和重大伤亡事故，必须立即将事故概况(包括伤亡人数、发生事故的时间、地点、原因)等，用快速办法分别报告企业主管部门、行业安全管理部门和当地劳动、公安、人民检察院及工会。发生重大伤亡事故，各有关部门接到报告后应立即转报各自的上级管理部门。

事故的调查处理，必须坚持事故原因不清不放过，事故责任者和群众没有受到教育不放过，没有防范措施不放过的"三不放过"原则，按照下列步骤进行。

1. 迅速抢救伤员并保护好事故现场

事故发生后，现场人员不要惊慌失措，要有组织、有指挥，首先抢救伤员和排除险情，制止事故蔓延扩大。同时，为了事故调查分析需要，都有责任保护好事故现场。因抢救伤员和排险而必须移动现场物件时，要作出标记。因为事故现场是提供有关物证的主要场所，是调查事故原因不可缺少的客观条件，所以要严加保护。要求现场各种物件的位置、颜色、形状及其物理、化学性质等尽可能保持事故结束时的原来状态。必须采取一切可能的措施，防止人为或自然因素的破坏。

清理事故现场应在调查组确认无可取证，并充分记录后方可进行。不得借口恢复生产，擅自清理现场造成掩盖真相。

2. 组织调查组

在接到事故报告后的单位领导人，应立即赶赴现场帮助组织抢救，并迅速组织调查组开展调查。轻伤、重伤事故，由企业负责人或其指定人员组织生产、技术、安全等有关人员以及工会成员组成事故调查组，进行调查。死亡事故，由企业主管部门会同企业所在地设区的市(或者相当于设区的市一级)劳动部门、公安部门、工会组成事故调查组，进行调查，重大死亡事故，按照企业的隶属关系，由省、自治区、直辖市企业主管部门或者国务院有关主管部门会同同级劳动部门、公安部门、监察部门、工会组成事故调查组，进行调查。死亡和重大死亡事故调查组还应当邀请人民检察院派员参加，也还可邀请其他部门的人员和有关技术人员参加，而与所发生事故有直接利害关系的人员不得参加调查组。

3. 现场勘查

在事故发生后，调查组必须到现场进行勘查。现场勘查是技术性很强的工作，涉及广泛的科技知识和实际经验，对事故的现场勘查必须及时、全面、细致、客观。现场勘查的主要内容有：

(1) 作出笔录

发生事故的时间、地点、气象等；

现场勘查人员的姓名、单位、职务；

现场勘查起止时间、勘查过程；

能量逸散所造成的破坏情况、状态、程度等；

设备损坏或异常情况及事故前后的位置；

事故发生前劳动组合、现场人员的位置和行动；

散落情况；

重要物证的持证、位置及检验情况等；

（2）现场拍照

方位拍照，要能反映事故现场在周围环境中的位置；

全面拍照，要能反映事故现场各部分之间的联系；

中心拍照，反映事故现场中心情况；

细目拍照，揭示事故直接原因的痕迹物、致害物等；

人体拍照，反映伤亡者主要受伤和造成死亡伤害部位。

（3）现场绘图

根据事故类别和规模以及调查工作的需要应绘出下列示意图：

建筑物平面图、剖面图；

事故时人员位置及疏散（活动）图；

破坏物立体图或展开图；

涉及范围图；

设备或工、器具构造简图等。

4. 分析事故原因，确定事故性质

（1）通过充分的调查，查明事故经过，弄清造成事故的各种因素，包括人、物、生产管理和技术管理等方面的问题，经过认真、客观、全面、细致、准确的分析，确定事故的性质和责任。

事故调查分析的目的：通过认真分析事故原因，从中接受教训，采取相应措施，防止类似事故重复发生。这是事故调查分析的宗旨。

（2）事故分析步骤。首先整理和仔细阅读调查材料，按 GB 6441—86 标准附录 A 对受伤部位、受伤性质、起因物、致害物、伤害方法、不安全状态和不安全行为等七项内容进行分析，确定直接原因、间接原因和事故责任者。

（3）分析事故原因时，应根据调查所确认的事实，从直接原因入手，逐步深入到间接原因。通过对直接原因和间接原因的分析，确定事故中的直接责任者和领导责任者，再根据其在事故发生过程中的作用，确定主要责任者。

（4）事故性质通常分为三类：

① 责任事故，就是由于人的过失造成的事故。

② 非责任事故，即由于人们不能预见或不可抗拒的自然条件变化所造成的事故，或是在技术改造、发明创造、科学试验活动中，由于科学技术条件的限制而发生的无法预料的事故。但是，对于能够预见并可以采取措施加以避免的伤亡事故，或没有经过认真研究解决技术问题而造成的事故，不能包括在内。

③ 破坏性事故，即为达到既定目的而故意制造的事故。对已确定为破坏性事故的，应由公安机关和企业保卫部门认真追查破案、依法处理。

5. 根据对事故分析的原因，制定防止类似事故再次发生的措施

同时，根据事故后果和事故责任者应负的责任提出处理意见。

轻伤事故也可参照上述要求执行。对于重大未遂事故不可掉以轻心，也应严肃认真按上述要求查明原因，分清责任、严肃处理。

6. 写清调查报告

调查组应着重把事故发生的经过、原因、责任分析和处理意见以及本次事故的教训和改进工作的建议等写成文字报告，经调查组全体人员签字后报批。如调查组内部意见有分歧，应在弄清事实的基础上，对照政策法规反复研究，统一认识，若个别同志仍持有不同意见允许保留，并在签字时写明自己的意见。

7. 事故的审理和结案

（1）事故调查处理结论报出后，须经有关机关审批方能结案。伤亡事故处理工作应当在 90 日内结案，特殊情况不得超过 180 日。

事故案件的审批权限，同企业的隶属关系及干部管理权限一致。县办企业和县以下企业，由县审批；地、市办的企业，由地、市审批；省直属企业的重大事故，由直属主管部门提出处理意见，征得当地劳动部门同意，报省主管厅局批复。

（2）关于对事故责任者的处理，根据其情节轻重和损失大小，谁有责任，什么责任，是主要责任，重要责任，一般责任，还是领导责任等，都要分清，予以应得的处分。给责任者应得的处分是对职工的教育。

（3）事故教训是用鲜血换来的宝贵财富，而这些财富要靠档案记载保存下来，这是研究改进措施、进行安全教育、开展科学研究难得的资料。因此，要把事故调查处理的文件、图纸、照片资料等长期完整地保存起来。事故档案的主要内容包括：

职工伤亡事故登记表；

职工重伤、死亡事故调查报告书，现场勘查资料（记录、图纸、照片等）；

技术鉴定和试验报告；

物证、人证调查材料；

医疗部门对伤亡者的诊断结论及影印件；

事故调查组的调查报告（在调查报告的最后），要表明调查组人员的姓名、职务，并要逐个签字；

企业或其主管部门对其事故所作的结案申请报告；

受处理人员的检查材料；

有关部门对事故的结案批复等。

8. 关于工伤事故统计报告中的几个具体问题

（1）"工人职员在生产区域中所发生的和生产有关的伤亡事故"，是指企业在册职工在企业生产活动所涉及到的区域内（不包括托儿所、食堂、诊疗所、俱乐部、球场等生活区域）由于生产过程中存在的危险因素的影响，突然使人体组织受到损伤或某些器官失去正常机能，以致负伤人员立即中断工作的一切事故。

（2）职工负伤后一个月内死亡的，应作为死亡事故填报或补报。超过一个月死亡的，不作死亡事故统计。

（3）职工在生产（工作）岗位干私活或打闹造成伤亡事故，不作工伤事故统计。

（4）企业车辆执行生产运输任务（包括本企业职工乘坐企业车辆）行驶在厂（场）外公路上发生的伤亡事故，一律由交通部门统计。

（5）企业发生火灾、爆炸、翻车、沉船、倒塌、中毒等事故造成旅客、居民、行人伤亡，均不作职工伤亡事故统计。

（6）停薪留职的职工到外单位工作发生伤亡事故由外单位负责统计报告。

（五）伤亡事故分析

1. 事故分析的意义

事故的后果，可能造成人员伤害或经济损失。事故的发生也并非必然，而是隐患加突发性违章。由此可见，除去不可抗拒的自然原因之外，各类工伤事故都是可以预测、预防的。事故分析工作，就是研究事故因素，产生的原因，发生的规律，以便提出对策，做好预测、预报、预防，以最终达到减少或消灭事故的目的。

事故是由于人的不安全行为（或失误）和物的不安全状态（或故障）两大因素作用的结果。即"人"与"物"两大系列运动轨迹的交叉接触而引起的伤害。

要防止伤亡事故，首先必须研究分析造成和促成事故的原因，才能正确地解决问题，防患于未然。

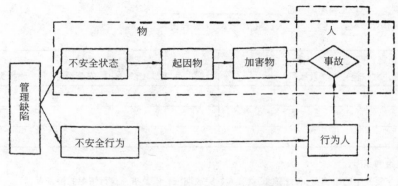

图 1-1　事故基本模型图

2. 工伤事故分析方法

进行工伤事故分析必须做到：一要收集的资料必须准确可靠；二要在资料整理时必须进行科学的分类和汇总；三要统计图表必须清晰明了，且便于分析和比较。

分析方法很多，应根据不同的目的与要求，选择分析方法。一般常用的有以下几种方法：

（1）数理统计和统计表。把统计调查所得到的数字资料，经过汇总整理，按一定的顺序填列在一定的表格之内。通过表中的数字、比例可以进行安全生产动态分析，研究对策，实现安全生产动态控制。

例1　建设部制定《建筑施工安全检查评分标准》时，采用系统工程学的原理，将施工现场作为一个完整的系统，利用数理统计的方法，对五年来发生的职工因工死亡的 810 起事故的类别、原因、发生的部位等进行了统计分析，得到主要发生在高处坠落（占 44.8%）、触电（占 16.6%）、物体打击（占 12%）、机械伤害（占 7.2%）这四类事故占总数的 80.6%，为此，根据统计分析的结果，将消除四大伤害确定为整体系统的安全目标。这四类事故集中在脚手架、"三宝"使用及"四口"防护、龙门架与井字架、施工用电、塔吊、施工机械及安全处理不善等七个方面，因此，这七个部分被列为强化安全管理目标。

例2　高处坠落事故分析。某地区有关部门对高处坠落事故的历史资料，应用数理统计进行分析，高处坠落事故主要有九种类型（表 1-1～表 1-3），而以洞口、脚手架和悬空高处作业的坠落死亡事故较多，占高处坠落死亡事故总数的 69.1%。

因工死亡事故统计表

表 1-1

1983～1987 年

事故类别	合 计	高处坠落	触 电	物体打击	机具伤害	起重伤害	刺 割	灼 烫	坍 塌	中 毒	其他
死亡人数	810	363	134	97	58	33	28	16	13	10	58
占总数(%)	100	44.8	16.6	12	7.2	4.1	3.4	2	1.5	1.2	7.1

职工死亡、重伤事故调查报告表

表 1-2

1. 企业详细名称　（盖章）　，地址＿＿＿＿＿＿＿＿＿＿＿＿＿＿，电话＿＿＿＿＿。
2. 业别＿＿＿＿＿＿分级隶属关系(中央、省、专、市、县＿＿＿＿直接主管部门＿＿＿)。
3. 发生事故日期＿＿年＿＿月＿＿日＿＿时＿＿分。
4. 事故发生的具体地点＿＿＿＿＿＿＿＿＿＿＿＿＿。
5. 事故类别＿＿＿，主要原因分析＿＿＿＿＿＿＿＿＿＿＿。
6. 这次事故伤亡情况：死亡＿＿＿人、重伤＿＿＿人、轻伤＿＿＿人。

姓 名	伤害程度 (死、重、轻)	工种 及级别	性 别	年 龄	本工种 工龄	受过何种 安全教育	估计财 物损失	附 注

7. 事故的经过和原因。
8. 预防事故重复发生的措施，执行措施的负责人，完成期限，以及措施执行情况的检查人。
9. 对事故的责任分析和对责任者的处理意见。
10. 参加调查的单位和人员(注明职别)。

企业负责人＿＿＿＿制表人＿＿＿＿＿
＿＿＿年＿＿＿月＿＿＿日

高处坠落死亡事故因工死亡事故统计表

表 1-3

1983～1987 年

序 号	类 型	占高处坠落死 亡事故总数%	备 注
1	从洞口坠落	33.38	
2	脚手架上坠落	19.05	
3	悬空高处作业坠落	16.67	
4	从石棉瓦等轻型屋面坠落	8.34	
5	拆除工作坠落	7.14	包括拆井架、龙门架等提升设备、脚手架及拆旧建筑物
6	登高过程中坠落	5.95	
7	从屋面沿口坠落	4.75	
8	梯子上作业坠落	2.38	
9	在顶棚上作业坠落	2.38	

（2）图表分析法。它是以统计数字为基础，用几何图形等绘制的各种图形来表达统计结果。下面介绍几种常用的图表分析法：

排列图（又称主次图）。首先收集一定时期的数据，按分析目标（如事故类型或工程、事故发生的时间、年龄等）进行分类分组，数字计算，绘制成事故类别分析图。

通过排列图可以找出主要问题所在，以便抓住重点（主要矛盾）有步骤地采取措施。

事故趋势图。把本地区、行业或本单位的事故情况，按照时间（年或月等）顺序绘制成工伤事故（次数或频率等）动态图即趋势图，可以提供安全生产动态，进行检查控制。

控制图。根据本单位历史上事故数据，求出平均值及最高数（上限控制值）画在坐标图上。因为事故不可能每月都是平均数，故历史上每月事故平均值及最高数不可能相同，全年连线即为控制曲线图。此外，因为事故越少越好，下限不应控制，但是也可以把历史上每月事故最少数也划成一条曲线，作为管理目标动态。

（3）系统安全分析法。这种方法既能作综合分析，也可作个别案例分析。这种方法科学逻辑性强，较直观和形象，考虑问题也较系统、全面。

3. 工伤事故评价指数

工伤事故评价指数，目前一般经常使用的四种类型：

（1）工伤事故频率

$$年（或月）工伤事故频率（‰）= \frac{年（或月）发生工伤总人次}{年（或月）企业平均职工人数} \times 1000‰$$

（2）工伤事故严重率——表示年（月）受伤害人平均损失工作日

$$工伤事故严重率 = \frac{年（月）工伤损失总工日}{年（月）工伤总人数}$$

（3）重伤频率

$$年度重伤频率 = \frac{年重伤总人次}{年企业平均职工人数} \times 1000‰$$

（4）死亡频率

$$年度因工死亡频率 = \frac{年因工死亡总人数}{年企业平均职工人数} \times 1000‰$$

第四节　施工现场安全急救

一、易受伤部位、性质、方式

施工易受伤部位、性质、方式，见表1-4～表1-6。

受　伤　部　位　　　　　　　　　　　　　　　　　表1-4

受伤部位名称	受伤部位名称	受伤部位名称	受伤部位名称
颅脑	颈部	前臂	小腿
脑	胸部	腕及手	踝及脚
颅骨	腹部	腕	踝部
头皮	腰部	掌	跟部
面颌部	脊柱	指	弇部（距骨、舟骨、弇骨）
眼部	上肢	下肢	趾
鼻	肩胛部	髋部	
耳	上臂	股骨	
口	肘部	膝部	

受 伤 性 质 表 1-5

受 伤 性 质	受 伤 性 质	受 伤 性 质	受 伤 性 质
电伤	撕脱伤	辐射损伤	生物致伤
挫伤、轧伤、压伤	扭伤	烧伤	多伤害
割伤、擦伤、刺伤	切断伤	烫伤	中毒
骨折	冻伤	中暑	
化学性灼伤	倒塌压埋伤	冲击伤	

伤 害 方 式 表 1-6

伤 害 方 式	伤 害 方 式	伤 害 方 式	伤 害 方 式
碰撞	坠落	火灾	触电
人撞固定物体	由高处坠落平地	辐射	接触
运动物体撞人	由平地坠入井、坑洞	爆炸	高低温环境
互撞	跌倒	中毒	高低温物体
撞击	坍塌	吸入有毒气体	掩埋
落下物	淹溺	皮肤吸收有毒物质	倾覆
飞来物	灼烫	经口	

二、特殊损伤的急救

（一）脸部损伤

1. 眼的损伤

钝器损伤或挫伤：通常是由于直接打击而引起，如严重的车祸、爆炸等。轻的只造成眼周青紫，即眼睑皮下瘀血。严重的使眼的结构遭到撕裂或破伤，引起视力丧失。轻伤可用冷敷减轻皮下出血，重者要将受伤的眼睛用消毒敷料包好，护送至医院治疗。

眼的穿透伤：是眼睛的严重伤害，一般都会引起失明。急救方法：不可随便取出眼内异物和冲洗眼睛，用干的消毒敷料盖住双眼，再用绷带固定好，但必须很松，以免眼睛受到压力；用担架让伤员平卧，护送去医院进一步治疗。

2. 耳的损伤

割伤及撕裂伤：耳的割伤和撕裂伤是较常见的。耳的任何撕裂或分离的部分必须保存好，轻轻地、压力均匀地用敷料包扎好，转送医院，以尽快得到治疗。

鼓膜穿孔：通常是爆炸、头部被猛烈一击、潜水、大气压力骤变等等引起。急救办法：用纱布或棉花轻轻地放在外耳道加以保护，转送医疗单位治疗。

3. 鼻损伤和鼻出血

鼻损伤包括软组织损伤和鼻骨骨折。鼻出血可能由外伤也可能由疾病引起，如高血压易引起大量长时间的出血。急救办法：使患者保持镇静，坐位或斜靠着，头部及肩部必须抬高，在患者鼻部冷敷，如仍不能止血，就可将一小块干净的纱布塞进出血的鼻孔，在外部用拇指和食指压迫，纱布的一端必须留在鼻孔外，以便取出。如仍不能止血，就要请医生治疗。

（二）心肺复苏

现场人身事故中，外伤性窒息或呼吸、心跳骤停是最严重，最紧急的。必须及时进行抢救，以挽救伤员的生命。

1. 呼吸、心跳骤停的常见原因

急性呼吸道阻塞，如面部严重烧伤后的浮肿；吞咽了腐蚀性毒物引起喉头水肿；外伤引起的直接损伤等等。

空气中缺氧或有有毒气体，如一氧化碳中毒。

触电、溺水、矿井塌方导致胸部受压。肺部创伤大出血等。

药物中毒或药物过敏。如化学毒剂、麻醉药过量、青霉素过敏等等。

手术或麻醉操作不当。

心脏疾病。如心肌梗塞、心肌炎等。

2. 诊断

突然意识丧失、抽搐或昏迷；颈动脉或股动脉搏动消失；听诊心音消失；呼吸间断或停止；血压骤降甚至消失；面色青紫或苍白，瞳孔散大。

其中以前三项最为重要，出现突然意识丧失、颈动脉或股动脉搏动以及心音消失就应作出诊断，立即进行抢救。

3. 现场心肺复苏

一旦确定心脏骤停，必须立即抢救。由于患者需要循环和呼吸同时恢复，故称心肺复苏。现场心肺复苏主要有三个步骤，即：打开气道、人工呼吸、胸外心脏按压。具体步骤和方法如下。

（1）判断病人有无反应及是否心脏骤停

当发现一倒地的患者，首先必须识别该患者是否失去知觉，简单快速的方法是喊话并摇动患者："喂！你怎么了？"如无反应，表示已失去知觉。摇动病人时不要用力过猛，以免加重可能存在的外伤，特别是颈部外伤。判断心脏骤停的方法是救护者以手指确定患者喉结，再滑向一侧，在喉结与胸锁乳突肌前缘之间触诊，有无颈动脉搏动，如意识丧失，同时颈动脉搏动消失，即可判断心脏骤停。

（2）呼救

呼救以取得他人的支持。与此同时如体位不利于抢救，就将病人置于仰卧位，在转动病人时要使其全身成一整体，头、肩和躯干同时转动，以免加重骨折或其他外伤。解开领口，放松腰带，去除假牙及口腔污物、血块、痰液等。

（3）检查颈动脉搏动

一般在进行心肺复苏术 1min 后进行初次检查，以后每数分钟检查一次。

（4）心脏按压有效指标

可触到颈动脉搏动及测出动脉血压，收缩压≥8kPa（60mmHg），意识改善和瞳孔回缩，对光反应恢复。

（5）现场抢救中的注意事项

情况紧急不要立即移动病人，应先就地抢救。一旦发现患者心脏骤停，时间在0.5～1min之内，呼吸一般尚未停止。此时迅速叩击心前区，即从离胸骨中点垂直上方 20～30cm 处，迅速有力地一次捶击胸骨中部，有时可使心脏复跳，如不生效，马上开始心肺复苏术。

（6）稳定病情及转运

就地抢救使病情稳定后，方可转运。病情稳定应具备：①呼吸（自主的或他助的）确实有效；②心律稳定，并保持有效循环末梢循环改善，脉搏有力，血压接近正常。

一旦病情稳定，即可用救护车送到医院作进一步的抢救。

（三）电击伤抢救

电击伤又称触电。当身体的某部触及电源或雷电，超过一定数量的电流通过人体，产生机体损伤或功能障碍，特别是电流通过中枢神经和心脏时，可引起呼吸抑制或心跳骤停，严重的危及生命或造成残废。因此，必须迅速抢救，以挽救生命。

1. 常见电击伤的原因

（1）主观因素

对用电知识不了解，对安全用电不重视。由于不懂用电基本知识和危险性，误碰电线、开关，误拾断落在地上的电线，或利用电线挂晒衣物；或麻痹大意，违章布线，年久失修，随便玩弄电器设备；违反用电操作规程，自行检修，雷雨天在大树下躲雨遭受电击等等。

（2）客观因素

高温、高湿场所，腐蚀性化学车间，雷雨季节等，使电器绝缘性降低，容易漏电。

（3）意外情况

如大风雪使供电线中断下落；暴风雨将电线杆刮倒，电线落地；火灾时电线烧断接触人体而致触电等。

2. 决定和影响电流致病的因素

电流作用于人体引起损伤的程度，与电流的强度、性质（交流电或直流电），电压的高低，接触部位的电阻，接触时间的长短，电流通过人体的途径以及人体触电时机能状态等有关。

（1）电流强度与损伤的关系

由于电量等于电路里的电流强度和通电时间的乘积，所以电流强度越大，通过人体的电量也较大，对人体造成的损害也越严重。一般认为：1mA 的电流对人体无感觉；2mA 的电流能产生轻微麻木感；25mA 的电流通过心脏时间较长可能引起危险。

（2）电流的性质和频率对致病作用的影响

接触电流的种类与造成损伤的结果有很大差别，直流电比交流电安全，小于 250V 的直流电很少引起死亡，而交流电在 50V 以上时，即可产生危险。一般来讲，交流电的致病作用又随着频率的增加而降低，每秒 50～60Hz（市电）对心脏有很强的作用，对人体危害最大。频率为 2 万次以上的电流，不仅没有致病作用，而且有微弱的热效应。可使深部组织的温度升高，局部血液循环增加，临床上用于物理治疗。

（3）电压越高致病作用越强

电流强度与电压、电阻的关系是：电流强度＝电压/电阻。所以电压越高，危险性越大。正常环境下人体触到电压在 36V 以下的带电体时，没有生命危险，所以也叫安全电压。低电压（220V）通过心脏时能引起心室纤维颤动；高电压（1000V 以上）先引起呼吸中枢麻痹，使呼吸停止，继而引起心跳停止；220～1000V 的交流电可同时影响心脏和呼吸中枢。

（4）触电部位的电阻越大，受到的损伤越小

因电阻大时，通过组织的电流量减少，对机体的致病作用也就轻，但局部烧伤可能严

重。人体不同组织的电阻不同，按大小排列为：骨、脂肪、皮肤、肌肉、血管和神经。皮肤的电阻变化很大，冬季干燥时为 50000～1000000Ω，在出汗、潮湿的情况下可降至 300Ω。皮肤越厚，电阻越大。角质层厚的手掌和足掌电阻最大。

（5）电流作用的时间

触电时间越长，人体承受的电量越大，造成的损伤也越严重。如高压电流通过人体少于 0.1s 时，不致引起死亡，但作用时间超过 1s，则可能导致死亡。所以，迅速使触电者脱离电源，是抢救成功的关键。

（6）电流通过人体的途径

电流通过人体的途径，是造成致病严重与否的另一主要因素，电流通过脑和心脏最危险。通过脑时，可引起呼吸中枢麻痹，电流由一手进入到另一手通出，或由一手进入而由另一足通出，可能造成心脏骤停。若电流由一足进入另一足通出，则多发生不同程度的灼伤，而对全身损害较轻，即使电流较强也不一定引起死亡。

（7）人体的机能状况

电击伤引起人体损伤与人体本身的健康状况有很大关系。疲劳、受热、寒冷、疼痛和创伤以及精神创伤等，都能增加人体对电刺激的敏感性，易造成伤害。

3. 电击伤的症状

（1）全身症状

轻型：触电后，可因肌肉迅速发生强烈收缩，使身体很快被弹离电源，这样触电时间短，一般不发生昏迷，而出现头晕、心悸、面色苍白、惊慌和四肢软弱、全身疲乏、触电肢体麻木、恶心、皮肤局部灼伤疼痛等，经休息后很快恢复。

重型：触电后立即发生短时间昏迷，呼吸不规则、增快变浅，心跳加快，心律不齐，血压下降等。经过治疗一般可以恢复；或遗留有头晕、耳鸣、眼花、听觉或视力障碍等。

垂危型：多见于高压电击伤，或低电压电击伤持续时间较长者，表现为呼吸、心跳停止。

（2）局部灼伤

低压电灼伤：此灼伤较轻，受伤的皮肤呈焦黄色或褐黑色，伤口面小而干燥，边缘清晰，有时可见水泡。局部组织炭化，灼伤较深，可使皮下组织、肌肉、肌腱、神经、骨骼呈炭化状态。

高压电灼伤：高压电、电弧造成的灼伤，面积较大，皮肤灼伤呈特有的蜘蛛样或树枝样斑纹，深可达肌肉、骨骼，甚至骨质断裂。

4. 电击伤的紧急救护

切断总电源，是最可靠的方法。总电源切断后，所接触的电器、电线不再带电，在场人员和医务人员不再有触电的危险，但要电源开关在现场附近时才可采用，否则，耽误时间，增加伤者的危险。

迅速脱离电源，应迅速使伤者脱离电源。注意，应利用现场附近的一切绝缘物去挑开或分离电器、电线。切不可用手去拉触电者以免救护者触电。绝缘物可用木棍、竹竿、扁担、玻璃器皿、塑料制品、橡胶制品、瓷器、干燥麻袋、棉衣、皮带、绳子等等。

针对主要矛盾，立即进行抢救。

（1）对神志清醒，伴有乏力、心慌、全身疲乏等症状的患者，应卧床休息，并作密切观察。

（2）触电后，伤员常显"假死"状态。对于昏迷、心脏停搏、瞳孔散大、呼吸停止的伤员，不能认为已经死亡而不予抢救。要区别不同情况立即予以救治。

对于呼吸停止、心搏存在的伤员，要应用人工呼吸法，有条件的可以给氧气吸入。呼吸频率保持每分钟 12 次左右。

对于心搏停止、呼吸存在的伤员，主要进行体外心脏按压，辅以人工呼吸。心脏按压必须不间断地进行，每分钟操作 60 次左右，即使在转送医院途中也不要中断，直至触电人回生或确实已经无效，如尸体僵硬、出现尸斑等，方可停止。

如果伤员呼吸、心跳均停止，则同时进行人工呼吸与心脏按压。

① 针灸治疗

呼吸、心跳停止者，除上述抢救外，可用针刺人中、合谷、涌泉、十宣等穴，激发呼吸并增加通气量；针刺人中、内关、足三里及十宣等穴，可以激发心跳，维持血压。

② 局部灼伤处理

电击引起的灼伤与一般灼伤的处理原则相同。

5. 预防

电击伤是一种严重事故，受伤者多立刻死亡或因不能及时得到抢救而死亡，如能认真做好安全用电工作，触电事故是完全可以避免的。预防措施包括：广泛宣传安全用电知识和触电的抢救常识，特别是在广大农村中非常必要；严格执行安全用电规程，认真检查安全操作制度，一切电器、线路安装必须符合"安全第一"的原则；没有经验和把握，不要拆修和安装电器设备；经常检查，定期检修电器设备和用具，发现损坏及时更换；充分发动群众，加强安全教育；如遇有电线断落不要走近，更不能用手去触摸，雷雨时不要在大树下避雨，以免触电。

第二章 园林用电管理

第一节 电路基础

一、直流电路

（一）基本概念

1. 电荷

指组成物质的带电粒子，它分为正、负电荷两种。同性电荷相斥，异性电荷相吸。带有电荷的物体称为带电体。

2. 电场

带电体周围具有特殊性质的空间称为电场。当一个物体带有电荷时，它就具有一定的电位，通常把大地的电位当作零电位。

3. 电压

任何两个带电体之间（或电场中某两点之间）所具有的电位差，就叫该两带电体（或电场中某两点）之间的电压。电位差越大，电压越高。

电压用字母 U 表示，它的单位是伏特（V）、千伏（kV）、毫伏（mV）等，电压的方向由高电位指向低电位，或说从正极（＋极）指向负极（－极）。

4. 电源

把化学能或机械能等其他形态的能量转换为电能的设备叫电源，如干电池、蓄电池等。

电源内部的分离电荷，使其两端分别聚集正电荷和负电荷，维护电位差，不断向外供电的能力叫电动势，用字母 E 表示，单位也是伏特（V），它总是针对电源的内部而言。规定电流流出的那一端为正极，反之为负极，E 的方向规定在电源内部从负极指向正极。

5. 负载

将电能转换为其他形式能量的装置，如电灯、电动机等。

6. 电阻

电流在物体中流动时，遇到的阻力称电阻。常用 R 表示，它的单位是欧姆（Ω）、千欧（kΩ）、兆欧（MΩ）等。

7. 导体、半导体和绝缘体

能很好传导电流的物体叫导体，例如铜、铝、铁等一般金属，此外溶有盐类的水也可以导电。导体的电阻大小与其长度成正比，与其横截面成反比，并与导体的材料导电性能有关。

基本上不能传导电流的物体为绝缘体，常见的有橡胶、陶瓷、玻璃、棉纱、塑料及干燥的木材、空气等。

半导体的特性介于导体和绝缘体之间，常见的有硅、锗、氧化铜等。

三者之间没有绝对界限，在一定条件下才具上述性能。如果条件改变，其性能可能转化。特别是湿度、温度等外界条件和自然老化会使绝缘体的绝缘性能大大降低。

8. 电路

电荷流动经过的路径称为电路。

最基本的电路由电源、导线、负载和控制器组成，如图 2-1 所示。

控制器在电路中起开断的控制作用，导线把电流输送给负载，电源内部叫内电路，外部叫外电路。

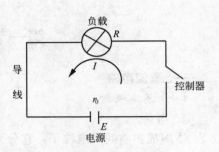

图 2-1 最基本的电路

一般电路可能具有通路、断路和短路三种工作状态。短路是由于某种原因使电源的正负极直接接通的情况，可能会引起火灾、烧毁电器设备、人员触电等事故，为此通常在电路中需串联熔断器作为保护装置。

9. 电流

导体中电荷的定向移动形成电流，通常用 I 表示。规定正电荷的移动方向为电流方向。电流的强弱以单位时间内通过导体横截面的电量(电荷的数量)来计算，其单位为安培(A)。

10. 电功

电流所做的功叫电功，用 A 表示。电流通过负载时，负载把电能转变为光能、热能和机械能等。电能的单位是焦耳(J)，千瓦·小时(kW·h)等。千瓦·小时也称度，1kW·h＝3.6MJ。

电能的计算公式为：$A=UIt$。这里 t 为时间。

11. 电功率

电源在单位时间内对负载做的功称为电功率，用 P 表示。电功率的单位是瓦特(W)、千瓦(kW)、毫瓦(mW)等。

电功率的计算公式为：$P=UI$。

(二) 欧姆定律

欧姆定律反映了电路中电压、电流和电阻之间的关系，是电路最基本的定律。

1. 一段线路的欧姆定律

设一个电阻 R 上的端电压降(简称电压)为 U，其中流过的电流为 I，则各量之间的关系为：

$$U=IR \text{ 或 } I=\frac{U}{R}$$

2. 全电路欧姆定律

对于全电路，即既包括外电路，又包括内电路的闭合回路，设电源电动势为 E，内电阻为 r_0、外电阻为 R，则：

$$I=\frac{E}{R+r_0}$$

（三）电阻（负载）的串并联

1. 电阻的串联电路

如图 2-2 所示，n 个电阻依次首尾相接，称为串联。

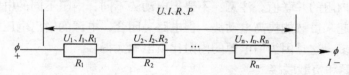

图 2-2　电阻的串联

串联电路具有下列特点：

(1) 电路中电流强度处处相等，即

$$I = I_1 = I_2 = \cdots = I_n$$

(2) 总电压等于各电阻电压的代数和，即

$$U = U_1 + U_2 + \cdots + U_n$$

(3) 各电阻分得的电压与其电阻值成正比，即

$$U_1 : U_2 : \cdots : U_n = R_1 : R_2 : \cdots : R_n$$

(4) 总电阻（等效电阻）等于各电阻的代数和，即

$$R = R_1 + R_2 + \cdots + R_n$$

(5) 总消耗功率等于各电阻消耗功率之和，即

$$P = P_1 + P_2 + \cdots\cdots + P_n$$

2. 电阻的并联电路

如图 2-3 所示，n 个电阻分别连接在两个公共的节点之间，称并联。

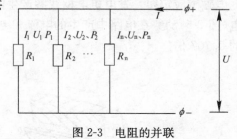

图 2-3　电阻的并联

并联电路具有下列特点：

(1) 各电阻承受的电压相等，即

$$U = U_1 = U_2 = \cdots = U_n$$

(2) 总电流等于并联各支路电流之和，即

$$I = I_1 + I_2 + \cdots + I_n$$

(3) 各支路分得的电流与支路与支路电阻的倒数成正比，即

$$I_1 : I_2 : \cdots : I_n = \frac{1}{R_1} : \frac{1}{R_2} : \cdots : \frac{1}{R_n}$$

(4) 总电阻（等效电阻）比每个电阻都小，其倒数等于各电阻的倒数之和，即

$$\frac{1}{R} = \frac{1}{R_1} + \frac{1}{R_2} + \cdots + \frac{1}{R_n}$$

(5) 总消耗功率等于各电阻消耗功率之和，即

$$P = P_1 + P_2 + \cdots + P_n$$

3. 混联电路

电阻既有串联，又有并联，称为混联电路。可以通过电路图的变化，分清串、并联关系，再分别用串联或并联分步进行计算。

（四）电源的串并联

电源也可以串、并联使用。把几个电源正向串联起来能提高电源电动势，同时内阻也加大了，总内阻等于各电源内阻之和。电源并联使用时能增加输出电流，此时总内阻减小，等于各电源内阻的并联值。注意：不要把电动势不同、内阻不同的电源并联使用。把几个旧电源串联起来虽然能提高电动势，但电路一闭合，电源的输出电压（即负载电压）值比电动势值小得多。这是因为旧电源的内阻比新电源大得多。

二、交流电源和负载联接

（一）交流电概念

大小和方向随时间作周期性变化的电压或电流分别称为交流电压或交流电流，统称为交流电。以交流电的形式产生电能或供给电能的设备，称为交流电源。如发电厂的发电机、施工现场的配电设备、配电箱内的电源刀闸、室内的电源插座都是交流电源。用交流电源供电的电路称为交流电路。交流电与直流电最根本的区别是：直流电的方向不随时间变化而变化，交流电的方向则随时间变化而改变。

世界上大多数用电场合都使用交流电，有些场合使用的直流电也是从交流电变换（整流）来的，这是因为交流电有一系列的好处，如电路计算简便，便于远距离输电，发电设备和用电设备构造简单、性能良好等。

（二）交流电的分类

1. 单相交流电

图 2-4 所示简单交流发电机的构造，主要由定子和电枢组成，电枢由铁芯、一个线圈绕组及两个滑环组成，当发电机电枢等速旋转时，在电枢线圈两端产生感应电动势 e，根据电磁感应定律，发电机电枢线圈产生的感应电动势按正弦函数规律变化，这种单相交流电（图 2-5）动势在电路中产生的电流和电压也是正弦交流电流和电压，其有效值为最大值的 0.707 倍。

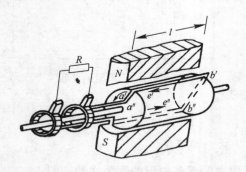

图 2-4　交流发电机构造

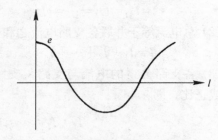

图 2-5　单向交流电波形图

2. 三相交流电

图 2-6 所示三相交流发电机的构造，与单相交流发电机的主要区别是其电枢线圈分为三个彼此相差 120°的相同绕组，其端点分别用 A、B、C 表示，其末端分别用 X、Y、Z 表示，AX、BY、CZ 分别称 A 相绕组、B 相绕组和 C 相绕组，每相绕组的起、末两端分别连接两个滑环。当发电机电枢等速旋转时，每个绕组各产生一个单相正弦电动势。

三个电动势到达正的或负的最大值的先后顺序称三相交流电的相序（图 2-7），习惯上

以 e_A 作为参考电动势，顺相序为 A→B→C。常用黄、绿、红三色分别标注 A、B、C 相。

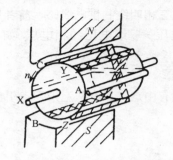

图 2-6　三相交流发电机构造

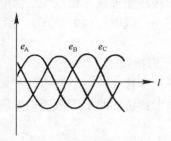

图 2-7　三相交流电波形图

目前电能的产生、输送和分配，绝大多数都是采用三相制；在用电设备方面，三相交流电动机最为普遍；此外，需要大功率直流电的厂矿企业，也大多采用三相整流。三相交流电之所以得到广泛应用，是因为：

（1）三相发电机的铁芯和电枢磁场能得到充分利用，与同功率的单相发电机比较，具有体积小，节约原材料的优点；

（2）三相输电比较经济，如果在相同的距离内以相同的电压输送相同的功率，三相输电线路比单相输电线路所用的材料少；

（3）三相交流电动机具有结构简单，性能良好，工作可靠，价格低廉等优点；

（4）三相交流电经整流以后，其输出波形较为平直，比较接近于理想的直流。

（三）三相交流电源

发电机和配电变压器三相绕组的接法有星形（Y 形）和三角形（△形），如图 2-8 所示。

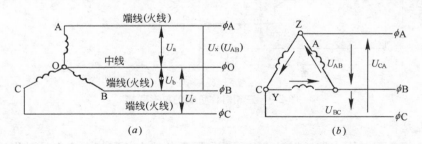

图 2-8　电源三相绕组的接法

(a)Y 形接法；(b)△形接法

1. Y 形接线法

三个绕组末端的公共接点称中点，从中点引出的导线叫中线，从三个绕组起端 A、B、C 分别引出的导线称端线（俗称火线），端线与中线之间的电压称相电压，端线与端线之间的电压称线电压。相电压的有效值用 U_A、U_B 和 U_C 表示，当它们在数值上相等时共用 U_P 表示。线电压的有效值用 U_{AB}、U_{BC} 和 U_{CA} 表示，当它们在数值上相等时共用 U_x 表示。U_{AB} 表示 A、B 线之间的电压，电压的方向由 A 线指向 B 线，余类推。

对于 Y 形接法，三相电源的线电压在数值上等于相电压的 $\sqrt{3}$ 倍，即

$$U_{YX} = \sqrt{3} U_{YP}$$

我们常用的低压供电系统的 $U_P = 220V$，线电压 $U_X = \sqrt{3}U_P = \sqrt{3} \times 220 = 380V$。

Y 形接法能形成三相三线制供电线路，也能形成三相四线制供电线路，前者只能提供一种电压——线电压（如 380V），后者能提供两种电压——线电压和相电压（如 380V 和 220V）。

2. △形接线法

对于△形接法，三个绕组的首末端顺次相接，没有中点，只有从△形顶点引出的三根端线，△形接法的线电压等于相电压，即

$$U_{\triangle X} = U_{\triangle P}$$

(四) 三相负载的联接方法

负载和电源一样也有单相和三相之分。白炽灯、电扇、电烙铁和单相交流电动机等都是单相负载。而三相用电器（三相交流电动机、三相电炉等）和分别接在各相电路上的三组单相用电器统称三相负载。若三相负载的阻抗相同（数值相等，性质一样）则称之为三相对称负载；反之称为不对称负载。三相负载也有 Y 形和△形两种联接方法。

1. 三相负载的 Y 形联接

(1) 三相对称负载的 Y 形联线，如图 2-9。

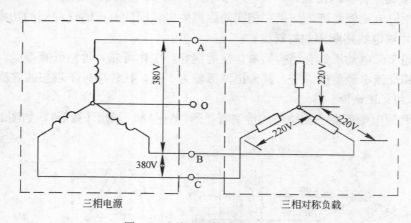

图 2-9 三相对称负载的星形联接

其特点是：

由于三相负载对称，在三相对称电压的作用下负载中的三相电流也是对称的，而三相对称电流的和为零，所以此时不需要接中线，三相电流依靠端线和负载互成回路。

各相负载承受的电压为电源的相电压 U_P。

各相负载的线电流 I_X 与相电流 I_P 相等。

各相负载取用的功率 P_P 相等。

(2) 三相不对称负载的 Y 形联线，如图 2-10 所示。

其特点是：

由于三相负载不对称，三相电流也不对称，这时需要引出一根中线供电流不对称的部分流过。所以，三相不对称负载需要配用三相四线制电源。

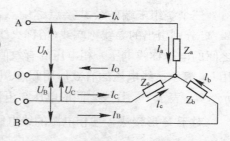

图 2-10 三相不对称负载的星形连接

40

由于中线的作用，电路构成了三个互不影响的独立回路。不论负载有无变动，每相负载承受的电源相电压不变，从而保证了各项负载的正常工作。

如果没有中线，或者中线断开，则虽然电源的线电压仍对称，但各相负载承受的电压不再对称。有的负载电压增高了，有的降低了。这样不但会使负载不能正常工作，有时还会造成事故。

由于三相负载不对称，各相支路的计算需要分别进行。

2. 三相负载的△形联接

图 2-11 是对称负载下的三角形联接示意图。

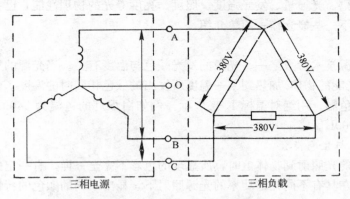

图 2-11 三相负载的三角形联接

其特点是：

△形联接没有中线，只能配接三相三线制电源，各相负载承受的电压均为线电压。

各相负载的相电流为

$$I_P = \frac{U_P}{Z_P} = \frac{U_X}{Z_P}（Z_P 是每相负载的阻抗）$$

在△形联接的各端点上均有三条支路，所以线电流 I_X 不等于相电流 I_P。

3. 三相负载联接方法的注意事项

（1）当各相负载的额定电压等于电源线电压的 $\frac{1}{\sqrt{3}}$ 时，三相负载应作 Y 形联接，当各相负载的额定电压等于电源的线电压时，三相负载应作△形联接。三相负载的联接方式与电源的联接情况无关。

（2）Y 形和△形接法不能搞错。若把 Y 形接法误接成△形接法，则负载承受的电压为额定电压的 $\sqrt{3}$ 倍，会造成设备烧毁。反之，则负载承受的电压反为额定电压的 $\frac{1}{\sqrt{3}}$，会造成电动机的转矩不足等现象，有时也会酿成事故。

第二节 园 林 照 明

园林绿地（公园、小游园等）和工农业生产一样，需要用电。没有电，园林事业也是无法经营管理的。工农业生产以动力用电为主，建筑、街道等则多以照明用电为主。而园林绿地用电，既要有动力电（如电动游艺设施、喷水池、喷灌以及电动机具等），又要有照明用电，但一般来说，园林用电中还是照明多于动力。

园林照明除了创造一个明亮的园林环境，满足夜间游园活动、节日庆祝活动以及保卫工作需要等功能要求之外，最重要的一点是园林照明与园景密切有关，是创造新园林景色的手段之一。近年来国内各地的溶洞游览、大型冰灯、各式灯会、各种灯光音乐喷泉；园外搞的"会跳舞的喷泉"、"声与光展览"等均是突出体现了园林用电的特点，并且也是充分和巧妙地利用园林照明等来创造出各种美丽的景色和意境。

一、照明技术的基本知识

有关光、光谱、光通量、发光强度、照度、亮度等光的物理性能，已在有关课程中讲述，在此仅对以下一些概念作一简单介绍。

（一）色温

色温是电光源技术参数之一。光源的发光颜色与温度有关。当光源的发光颜色与黑体（指能吸收全部光能的物体）加热到某一温度所发出的颜色相同时的温度，就称为该光源的颜色温度，简称色温。用绝对温标 K 来表示。例如白炽灯的色温为 2400～2900K；管形氙灯为 5500～6000K。

（二）显色性与显色指数

当某种光源的光照射到物体上时，所显现的色彩不完全一样，有一定的失真度。这种同一颜色的物体在具有不同光谱功率的光源照射下，显出不同的颜色的特性，就是光源的显色性，它通常用显色指数（Ra）来表示光源的显色性。显色指数越高，颜色失真越少，光源的显色性就越好。国际上规定参照光源的显色指数为 100。常见光源的显色指数如表 2-1 所示。

常见光源的显色指数 表 2-1

光 源	显色指数（Ra）	光 源	显色指数（Ra）
白色荧光灯	65	荧光水银灯	44
日光色荧光灯	77	金属卤化物灯	65
暖白色荧光灯	59	高显色金属卤化物灯	92
高显色荧光灯	92	高压钠灯	29
水 银 灯	23	氙 灯	94

二、园林照明的方式和照明质量

（一）照明方式

进行园林照明设计必须对照明方式有所了解，方能正确规划照明系统。其方式可分成下列 3 种。

1. 一般照明

是不考虑局部的特殊需要，为整个被照场所而设置的照明。这种照明方式的一次投资少，照度均匀。

2. 局部照明

对于景区（点）某一局部的照明。当局部地点需要高照度并对照度方向有要求时，宜采用局部照明，但在整个景（区）点不应只设局部照明而无一般照明。

3. 混合照明

由一般照明和局部照明共同组成的照明。在需要较高照度并对照射方向有特殊要求的场合，宜采用混合照明。此外，一般照明照度按不低于混合照明总照度的 5％～10％选取，且最低不低于 20lx(勒克司)。

(二) 照明质量

良好的视觉效果不仅是单纯地依靠充足的光通量，还需要有一定的光照质量要求。

1. 合理的照度

照度是决定物体明亮程度的间接指标。在一定范围内，照度增加，视觉能力也相应提高。表 2-2 示出了各类建筑物、道路、庭园等设施一般照明的推荐照度。

各类设施一般照明的推荐照度　　　　　　　　表 2-2

照 明 地 点	推荐照度(lx)	照 明 地 点	推荐照度(lx)
国际比赛足球场	1000～1500	更衣室、浴室	15～30
综合性体育正式比赛大厅	750～1500	库房	10～20
足球、游泳池、冰球场、羽毛球、乒乓球、台球	200～500	厕所、盥洗室、热水间、楼梯间、走道	5～20
篮、排球场、网球场、计算机房	150～300	广场	5～15
绘图室、打字室、字画商店、百货商场、设计室	100～200	大型停车场	3～10
办公室、图书馆、阅览室、报告厅、会议室、博物馆、展览厅	75～150	庭园道路	2～5
一般性商业建筑(钟表、银行等)、旅游饭店、酒吧、咖啡厅、舞厅、餐厅	50～100	住宅小区道路	0.2～1

2. 照明均匀度

游人置身园林环境中，如果有彼此亮度不相同的表面，当视觉从一个面转到另一个面时，眼睛被迫经过一个适应过程。适应过程经常反复时，就会导致视觉的疲劳。在考虑园林照明中，除力图满足景色的需要外，还要注意周围环境中的亮度分布应力求均匀。

3. 眩光限制

眩光是影响照明质量的主要特征。所谓眩光是指由于亮度分布不适当或亮度的变化幅度太大，或由于在时间上相继出现的亮度相差过大所造成的观看物体时感觉不适或视力减低的视觉条件。为防止眩光产生，常采用的方法是：①注意照明灯具的最低悬挂高度；②力求使照明光源来自优越方向；③使用发光表面面积大、亮度低的灯具。

三、电光源及其应用

(一) 园林中常用照明光源

在园林中常用的照明光源之主要特征、比较及适用场合列于表 2-3 中。

常用园林照明光源主要特性比较及适用场合　　　　　　　　表 2-3

光源名称 特性	白炽灯 (普通照明灯泡)	卤钨灯	荧光灯	荧光高压汞灯	高压钠灯	金属卤化物灯	管形氙灯
额定功率 (W)	10～1000	500～2000	6～125	50～1000	250～400	400～1000	1500～100000

光源名称特性	白炽灯（普通照明灯泡）	卤钨灯	荧光灯	荧光高压汞灯	高压钠灯	金属卤化物灯	管形氙灯
光效（lm/W）	6.5～19	19.5～21	25～67	30～50	90～100	60～80	20～37
平均寿命（h）	1000	1500	2000～3000	2500～5000	3000	2000	500～100
一般显色指数（Ra）	95～99	95～99	70～80	30～40	20～25	65～85	90～94
色温（K）	2700～2900	2900～3200	2700～6500	5500	2000～2400	5000～6500	5500～6000
功率因数 $\cos\varphi$	1	1	0.33～0.7	0.44～0.67	0.44	0.1～0.01	0.4～0.9
表面亮度	大	大	小	较大	较大	大	大
频闪效应	不明显	不明显	明显	明显	明显	明显	明显
耐震性能	较差	差	较好	好	较好	好	好
所需附件	无	无	镇流器起辉器	镇流器	镇流器	镇流器触发器	镇流器触发器
适用场所	彩色灯泡：可用于建筑物、商店橱窗、展览馆、园林构筑物、孤立树、树丛、喷泉、瀑布等装饰照明。水下灯泡：可用于喷泉、瀑布等处装饰用。聚光灯：舞台照明、公共场所等作强光照明	适用于广场、体育场建筑物等照明	一般用于建筑物室内照明	广泛用于广场、道路、园路、运动场所等作大面积室外照明	广泛用于道路、园林绿地、广场、车站等处照明	主要用于广场、大型游乐场、体育场照明及高速摄影等方面	有"小太阳"之称，特别适合于作大面积场所的照明，工作稳定，点燃方便

（二）光源选择

园林照明中，一般宜采用白炽灯、荧光灯或其他气体放电光源。但因频闪效应而影响视觉的场合，不宜采用气体放电光源。

振动较大的场所，宜采用荧光高压汞灯或高压钠灯。在有高挂条件又需要大面积照明的场所，宜采用金属卤化物灯、高压钠灯或长弧氙灯。当需要人工照明和天然采光相结合时，应使用照明光源与天然光相协调。常选用色温在 4000～4500K 的荧光灯或其他气体放电光源。

同一种物体用不同颜色的光照在上面，在人们视觉上产生的效果是不同的。红、橙、黄、棕色给人以温暖的感觉，人们称之为"暖色光"，而蓝、青、绿、紫色则给人以寒冷的感觉，就称它为"冷色光"。光源发出光的颜色直接与人们的情趣——喜、怒、哀、乐有关，这就是光源的颜色特性。这种用光的颜色特性——"色调"，在园林中就显得更为重要，应尽力运用光的"色调"来创造一个优美的环境，或是各种有情趣的主题环境。如白炽灯用在绿地、花坛、花境照明，能加重暖色，使地上更鲜艳。喷泉中，用各色白炽灯组成水下灯，和喷泉的水柱一起，在夜色下可构成各种光怪陆离、虚幻飘渺的效果，分外吸引游人。而高压钠灯等所发出的光线穿透能力强，在园林中常用于滨河路、河湖沿岸等及云雾多的风景区的照明。

部分光源的色调见表2-4。

常 见 光 源 色 调

表 2-4

照 明 光 源	光 源 色 调
白炽灯、卤钨灯	偏红色光
日光色荧光灯	与太阳光相似的白色光
高压钠灯	金黄色、红色成分偏多，蓝色成分不足
荧光高压汞灯	淡蓝一绿色光，缺乏红色成分
镝灯（金属卤化物灯）	接近于日光的白色光
氙灯	非常接近日光的白色光

在视野内具有色调对比时，可以在被观察物和背景之间适当造成色调对比，以提高识别能力，但此色调对比不宜过分强烈，以免引起视觉疲劳。我们在选择光源色调时还可考虑以下被照面的照明效果：

（1）暖色能使人感觉距离近些，而冷色则使人感到距离加大，故暖色是前进色，冷色则是后退色。

（2）暖色里的明色有柔软感，冷色里的明色有光滑感；暖色的物体看起来密度大些、重些和坚固些，而冷色则看起来轻一些。在同一色调中，暗色好似重些，明色好似轻些。在狭窄的空间宜选冷色里的明色，以造成宽敞、明亮的感觉。

（3）一般红色、橙色有兴奋作用，而紫色则有抑制作用。

在使用节日彩灯时应力求环境效果和节能的统一。

（三）灯具的选用

灯具的作用是固定光源，把光源发出的光通量分配到需要的方面，防止光源引起的眩光以及保护光源不受外力及外界潮湿气体的影响等。在园林中灯具的选择除考虑到便于安装维护外，更要考虑灯具的外形和周围园林环境相协调，使灯具能为园林景观增色。

（1）灯具分类　灯具若按结构分类可分为开启型、闭合型、密封型及防爆型。

而灯具按光通量在空间上、下半球的分布情况，又可分为直射型灯具、半直射型灯具、漫射型灯具、半反射型灯具、反射型灯具等。而直射型灯具又可分为广照型、均匀配光型、配照型、深照型和特深照型五种。详可见各种照明手册。

（2）灯具选用　灯具应根据使用环境条件、场地用途、光强分布、限制眩光等方面进行选择。在满足下述条件下，应选用效率高、维护检修方便的灯具。

① 在正常环境中，宜选用开启式灯具。

② 在潮湿或特别潮湿的场所可选用密闭型防水灯或带防水防尘的密封式灯具。

③ 可按光强分布特性选择灯具。光强分布特性常用配光曲线表示。如灯具安装高度在6m及以下时，可采用深照型灯具；安装高度在6～15m时，可采用直射型灯具；当灯

具上方有需要观察的对象时，可采用漫射型灯具，对于大面积的绿地，可采用投光灯等高光强灯具。

各类灯具形式多样，具体可参照有关照明灯具手册。

四、公园、绿地的照明原则

公园、绿地的室外照明，由于环境复杂，用途各异，变化多端，因而很难予以硬性规定，仅提出以下一般原则供参考。

1. 不要泛泛设置照明措施，而应结合园林景观的特点，以能最充分体现其在灯光下的景观效果为原则来布置照明措施。

2. 关于灯光的方向和颜色的选择，应以能增加树木、灌木和花卉的美观为主要前提。如针叶树只在强光下才反映良好，一般只宜于采取暗影处理法。又如，阔叶树种白桦、垂柳、枫等对泛光照明有良好的反映效果；白炽灯包括反射型，卤钨灯却能增加红、黄色花卉的色彩，使它们显得更加鲜艳，小型投光器的使用会使局部花卉色彩绚丽夺目；汞灯使树木和草坪的绿色鲜明夺目等。

3. 在水面、水景照明景观的处理上，注意如以直射光照在水面上，对水面本身作用不大，但却能反映其附近被灯光所照亮的小桥、树木或园林建筑呈现出波光粼粼，有一种梦幻似的意境。而瀑布和喷水池却可用照明处理得很美观，不过灯光须透过流水以造成水柱的晶莹剔透、闪闪发光。所以，无论是在喷水的四周，还是在小瀑布流入池塘的地方，均宜将灯光置于水面之下。在水下设置灯具时，应注意使其在白天难于发现隐藏在水中，但也不能埋得过深，否则会引起光强的减弱。一般安装在水面以下 30～100mm 为宜。进行水景的色彩照明时，常使用红、蓝、黄三原色，其次使用绿色。

某些大瀑布采用前照灯光的效果很好，但如让设在远处的投光灯直接照在瀑布上，效果并不理想。潜水灯具的应用效果颇佳，但需特殊的设计。

4. 对于公园和绿地的主要园路，宜采用低功率的路灯装在 3～5m 高的灯柱上，柱距 20～40m，效果较好，也可每柱两灯，需要提高照度时，两灯齐明。也可隔柱设置控制灯的开关，来调整照明。也可利用路灯灯柱装以 150W 的密封光束反光来照亮花圃和灌木。

在一些局部的假山、草坪内可设地灯照明，如要在内设灯杆装设灯具时，其高度应在 2m 以下。

5. 在设计公园、绿地园路装照明灯时，要注意路旁树木对道路照明的影响，为防止树木遮挡，可以适当减少灯间距，加强光源的功率以补偿由于树木遮挡所产生的光损失，也可以根据树型或树木高度不同，安装照明灯具时采用较长的灯柱悬臂，以使灯具突出树缘外或改变灯具的悬挂方式等以弥补光损失。

6. 无论是白天或黑夜，照明设备均需隐蔽在视线之外，最好全部敷设电缆线路。

7. 彩色装饰灯可创造节日气氛，特别反映在水中更为美丽，但是这种装饰灯光不易获得一种宁静、安祥的气氛，也难以表现出大自然的壮观景象，只能有限度地调剂使用。

五、园林照明设计

在进行园林照明设计以前，应具备下列一些原始资料：

1. 公园、绿地的平面布置图及地形图，必要时应有该公园、绿地中主要建筑物的平面图、立面图和剖面图。

2. 该公园、绿地对电气的要求（设计任务书），特别是一些专用性强的公园、绿地照明，应明确提出照度、灯具选择、布置、安装等要求。

3. 电源的供电情况及进线方位。

照明设计的顺序常有以下几个步骤：

1. 明确照明对象的功能和照明要求。

2. 选择照明方式，可根据设计任务书中公园绿地对电气的要求，在不同的场合和地点，选择不同的照明方式。

3. 光源和灯具的选择，主要是根据公园绿地的配光和光色要求、与周围景色配合等来选择光源和灯具。

4. 灯具的合理布置。除考虑光源光线的投射方向、照度均匀性等，还应考虑经济、安全和维修方便等。

5. 进行照度计算。

具体照度计算可参考有关照明手册。

第三节　施工现场临时用电的管理

按照《施工现场临时用电安全技术规范》JGJ 46—2005 的规定："临时用电设备在 5 台及 5 台以上或设备总容量在 50kW 及 50kW 以上者，应编制临时用电施工组织设计。"编制临时用电施工组织设计是施工现场临时用电管理应当遵循的第一项技术性原则，勿需考虑正式工程的技术内容。

一、临时用电的施工组织设计

（1）现场勘探。

（2）确定电源进线和变电所、配电室、总配电箱、分配电箱等的装设位置及线路走向。

（3）负荷计算。

（4）选择变压器容量、导线截面和电器的类型、规格。

（5）绘制电气平面图、立面图和接线系统图。

（6）制订安全用电技术措施和电气防火措施。

二、临时用电的安全技术档案管理

（一）关于临时用电施工组织设计资料

临时用电施工组织设计资料是施工现场临时用电方面的基础性技术、安全资料。

（二）关于技术交底资料

施工现场临时用电的技术交底资料是指在整个临时用电工程的施工组织设计被批准实施前，电气工程技术人员向安装、维修临时用电工程的电工和各种设备的用电人员分别贯彻、强调临时用电安全重点的文字资料。技术交底资料还应包括临时用电施工组织设计的总体意图、具体技术内容、安全用电技术措施和电气防火措施等文字资料。技术交底资料是施工现场临时用电方面的广泛性安全教育资料，它的编制与贯彻对于施工现场临时用电的安全工作具有全面的指导意义。因此，技术交底资料必须完备、可靠，特别在技术交底资料上应能明确显示出交底日期、讨论意见和交底与被交底人的签字名单。

（三）关于安全检测记录

施工现场临时用电的安全检测是施工现场临时用电安全方面经常性的、全面的监视工作，对于适时发现和消除用电事故隐患具有重要的指导意义。安全检测的内容主要应包括：临时用电工程检查验收表；电气设备的试、检验凭单和调试记录；接地电阻测定记录表；定期检（复）查表等。其中，接地电阻测定记录是一个关键性的资料，一个完备的接地电阻测定记录应包括电源变压器投入运行前其工作接地电阻值和重复接地电阻值，还应包括基层公司每一季度检查的复查接地电阻值，在工作接地电阻值满足要求的前提下，重复接地电阻值是关系到临时用电保护系统可靠性的重要技术数据。因此，根据接地电阻值的检（复）查数据就可以判断临时用电基本安全保护系统是否可靠，并且对改进措施提供了科学依据。

（四）电工维修工作记录

电工维修工作记录是反映电工日常电气维修工作情况的资料，是电工执行《施工现场临时用电安全技术规范》和电气操作规程的体现。另一侧面也显示出现场安全用电的实际情况，对改进现场安全用电工作，预防某些电气事故，特别是触电伤害事故具有重要的参考价值。因此，电工维修工作记录应当尽可能地详尽，要记载时间、地点、设备、维修内容、技术措施、处理结果等；对于事故维修还要作出因果分析，并提出改进意见。应该维修的项目，如因现场生产指挥人员阻止而未能及时维修，应将原由记载清楚，以备核查；如系维修人员自身原因未能及时维修，也应将原由记载清楚。

工程竣工，拆除临时用电工程的时间、参加人员、拆除程序、拆除方法和采取的安全防护措施，也应在电工维修记录中详细记载。

三、外电线路的安全距离

所谓安全距离是指带电导体与其附接地的物体、地面、不同极（或相）带电体以及人体之间必须保持的最小空间距离或最小空气间隙。这个距离或间隙不仅应保证在各种可能的最大工作电压或过电压作用下，带电导体周围不至发生闪络放电；而且还应保证带电体周围工作人员身体健康不受损害。按有关资料介绍，各种电压等级的高压线路对接地物体或地面的安全距离如表 2-5 所列数值。

高压线路至接地物体或地面的安全距离　　　　　　　　　　　表 2-5

外电线路的额定电压(kV)		1～3	6	10	35	60	110	220j	330j	500j
外电线路的边线至接地物体或地面的安全距离(cm)	屋内	7.5	10	12.5	30	55	95	180	260	380
	屋外	20	20	20	40	60	100	180	260	380

注：220j、330j、500j 系指中性点直接接地系统。

安全距离主要是根据空气间隙的放电特性确定的。在建设施工现场中，安全距离问题主要是指在建工程（含脚手架具）的外侧边缘与外电架空线路的边线之间的最小安全操作距离和施工现场的机动车道与外电架空线路交叉时的最小安全垂直距离。对此，JGJ 46—2005《施工现场临时用电安全技术规范》已经作出了具体的规定，如表 2-6 和表 2-7 所列数值。

在建工程（含脚手架具）的外侧边缘与外电架空线路的边线之间的最小安全操作距离　　表 2-6

外电线路电压(kV)	1 以下	1～10	35～110	154～220	330～500
最小安全操作距离(m)	4	6	8	10	15

注：上、下脚手架的斜道严禁搭设在有外电线路的一侧。

施工现场的机动车道与外电架空线路交叉时的最小垂直距离　　　　表 2-7

外电线路电压(kV)	1 以下	1～10	35
最小垂直距离(m)	6	7	7

表 2-6 与表 2-7 中的数据主要来源于水利电力部，经过大量科学实验和多年实践所作出的一些规定数据，其中不仅考虑了静态因素，还考虑了施工现场实际存在的动态因素，如考虑了在建工程搭设脚手架具时，脚手架杆延伸至架具以外的操作因素等。这样一来，所规定的安全距离就能够可靠地防止由于施工操作人员接触或过分靠近外电线路所造成的触电伤害事故。

四、施工现场临时用电的接地

如果施工现场的电气设备，尤其是各种用电设备由于绝缘老化或机械损伤等因素造成设备的金属外壳带电（称为漏电），此时如有人体触及，同样会发生触电或电击事故。这种人体与故障情况下变为带电的外露导电部分的接触称为间接接触。在施工现场，由于现场环境、条件的影响，间接触电现象往往比直接触电现象更普遍，危害也更大。所以，除了应采取防止直接触电的安全措施以外，还必须采取防止间接触电的安全技术措施。

（一）接地

所谓接地，就是将电气设备的某一可导电部分与大地之间用导体作电气联接。在理论上，电气联接是指导体与导体之间电阻为零的联接。实际上，用金属等导体将两个或两个以上的导体联接起来即可称为电气联接，故电气联接又称为金属性联接。简言之，设备与大地作金属性联接称为接地。

接地，通常是用接地体与土壤相接触实现的。金属导体或导体系统埋入地内土壤中，就构成一个接地体，在工程上，接地体除专门埋设以外，有时还利用兼作接地体的已有各种金属构件、金属井管、钢筋混凝土建(构)筑物的基础、非燃性物质用的金属管道和设备等，这种接地体称为自然接地体，用作联接电气设备和接地体的导体，例如电气设备上的接地螺栓、机械设备的金属构架，以及在正常情况下不载流的金属导线等称为接地线。接地体与接地线的总和称为接地装置。

1. 接地类别

在电气工程上，接地主要有四种基本类别：工作接地、保护接地、重复接地、防雷接地。兹分别介绍如下：

（1）工作接地

在电力系统中，因运行需要的接地（例如三相供电系统中，电源中性点的接地）称为工作接地。在工作接地的情况下，大地被用作为一根导线，而且能够稳定设备导电部分的对地电压。

（2）保护接地

在电力系统中，因漏电保护需要，将电气设备正常情况下不带电的金属外壳和机械设备的金属构件(架)接地，称为保护接地。

（3）重复接地

在中性点直接接地的电力系统中，为了保证接地的作用和效果，除在中性点处直接接地外，中性线上的一处或多处再作接地，称为重复接地。

（4）防雷接地

防雷装置（避雷针、避雷器、避雷线等）的接地，称为防雷接地。防雷接地的设置主要是用作雷击防雷装置，将雷电流泄入大地。

2. 接地电阻

接地电阻是指接地体或自然接地体的对地电阻与接地线的电阻之和，而接地体的对地电阻又包括接地体自身电阻、接地体与土壤之间的接触电阻和接地体周围土壤中的流散电阻。在接地电阻的组成部分，土壤中的流散电阻是最主要的组成部分。

顺便指出，按照《施工现场临时用电安全技术规范》的规定，施工现场内做防雷接地的电气设备，必须同时做重复接地，同一台电气设备的重复接地与防雷接地可使用同一个接地体，而且接地电阻值应符合重复接地电阻值的要求。这样一来，只要保证了重复接地电阻值的规定数值，就必然同时也保证了防雷接地电阻值的规定数值。

3. 接地体周围土壤中的电位分布

若电气设备发生漏电故障，则接地体带电，根据分析，对于垂直接地体来说，距离接地体 20m 以外处土壤中流散电流所产生的电位降已接近于零。电气技术上通常所说的"地"就是指零电位处，理论上的零电位处或"地"在距离接地体无限远处，实际上距离接地体 20m 远处，已接近零电位，而距离接地体 60m 远处，则是事实上的"地"或零电位处。反之，接地体周围 20m 以内的大地，不是电气技术上的"地"。

接地体周围土壤中的电位分布，用图像表示如图 2-12 所示。可以看出，距离接地体越远处的地表面对"地"电压越低；反之，距离接地体越近处的地表面对"地"电压越高，而接地体表面处的电位最高。接地体周围的电位分布呈双曲线形状。

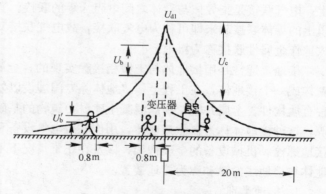

图 2-12　接地体周围的电位分布

（二）接触电压

如果人体的两个部位同时接触具有不同电位的两处，则在人体内就会有电流通过，这时加在人体两个部位之间的电位差叫做接触电压。如图 2-12 所示，人站在地面上，手部触及已漏电的变压器，手足之间呈现的电位差，即漏电变压器对"地"的漏电电压与人足站立地点对"地"电压之差，用 U_c 表示，或者说 U_c 就是该人所承受的接触电压。

（三）跨步电压

跨步电压系指当人的两足分别站在地面上具有不同对"地"电位的两点时，在人的两足之间所承受的电位差或电压。跨步电压主要与人体和接地体之间的距离、跨步的大小和方向以及接地电流大小等因素有关。人的跨步一般按 0.8m 考虑，大牲畜的跨距可按 1.0～1.4m 考虑。图 2-12 中所画的两个人都有了跨步电压，由于二人与接地体的距离不同，所以承受的跨步电压也不相同。距离接地体越近，跨步电压越大；距离接地体越远，踏步电压越小。一般，离开接地体20m以外，就不用考虑踏步电压问题了。

（四）安全电压

当人体有电流流过时，电流对人体就会有危害，危害的大小与电流的种类、频率、量值和电流流经人体的时间有关。目前，国际上公认在工频交流情况下，流经人体电流与电流在人体持续时间的乘积等于30mA·s为安全界限值。考虑到人体在通常情况下的平均电阻值一般不低于1000Ω，这样就可得到人们常讲的安全电压值。我国国家标准《安全电压》GB 3805—83中规定，安全电压额定值的等级为50、42、36、24、12、6V。还规定："当电气设备采用了超过24V的安全电压时，必须采取防直接接触带电体的保护措施"。以此为依据，《施工现场临时用电安全技术规范》JGJ 46—2005的有关章节里规定了各种相应的防止直接或间接触电的具体措施。

五、施工现场的防雷

大气过电压产生的根本原因是雷云放电引起的。密集在大地上空的水雾称为云，云层在上、下气流的强烈摩擦和碰撞会带有正电荷或负电荷，这种带电的云称为雷云。雷云放电的现象叫做雷电现象。即当雷云中的电荷逐渐聚集增加，并使其周围电场强度达到一定数值时，其周围空气的绝缘性能就会遭到破坏，于是正雷云对负雷云之间或雷云对大地之间就会发生强烈的放电现象。其中尤以雷云对大地放电（又称为直接雷击）对地面上的电气设备和建、构筑物的破坏性最大。

1. 雷暴日和雷电活动规律

我国地域辽阔，各地区的气候特征各不相同，所以雷电活动的频繁程度在不同的地区也是不一样的，表示雷电活动频繁程度的标准是雷暴日数，即在一个年度内发生雷暴

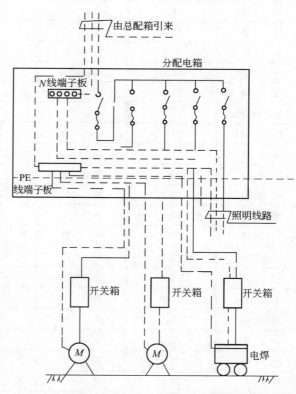

图2-13　分配电箱至设备的TN-S系统接线示意图

的天数。所谓雷暴日是指在一天内只要出现雷暴现象，不论它有几次，就算作一个雷暴日。雷暴日数越多的地区说明雷电活动越频繁，防雷设计的标准应越高，防雷措施也越应加强。即被保护物的防雷与否除同该地区的年平均雷暴日数有关外，主要还同被保护物的高度有关。

为进一步了解全国雷电活动情况，现将自1951年至1985年全国主要气象台站积累统计的年平均雷暴日数列入表2-8中，以供参考。

全国主要台站年平均雷暴日数   表 2-8

站 名	日 数	站 名	日 数	站 名	日 数
北　京	35.7	通　辽	27.5	南　京	34.0
天　津	27.5	多　伦	45.5	东　台	35.6
上　海	29.4	赤　峰	32.0	浙江省	
河北省		辽宁省		杭　州	39.1
石家庄	30.8	彰　武	35.4	定　海	28.7
怀　来	38.5	朝　阳	33.8	衢　县	57.1
承　德	43.5	锦　州	28.4	温　州	51.3
乐　亭	32.1	沈　阳	26.4	安徽省	
沧　州	29.4	营　口	27.9	亳　县	29.3
山西省		草河口	21.3	蚌　埠	30.4
大　同	41.4	丹　东	26.9	霍　山	45.3
原　平	43.9	大　连	19.0	合　肥	29.6
太　原	35.7	吉林省		安　庆	43.3
介　休	37.2	前郭尔罗斯	33.5	福建省	
运　城	21.2	四　平	33.5	南　平	65.8
内蒙古自治区		长　春	35.9	福　州	56.5
图里河	34.5	延　吉	25.3	永　安	73.6
海拉尔	29	临　江	34.2	厦　门	46.3
博克图	33	黑龙江省		江西省	
阿尔山	32.8	呼　玛	30.9	吉　安	69.9
喇嘛库伦	32.4	嫩　江	31.3	彰　州	67.3
巴彦毛道	18.1	孙　昊	34.1	景德镇	58.0
二连浩特	23.3	克　山	29.5	南　昌	58.0
汉贝庙	31.6	齐齐哈尔	28.1	南　城	67.5
朱日和	30.6	海　伦	34.4	山东省	
海流图	31.1	富　锦	29.4	惠　民	33.0
百灵庙	33.9	安　达	31.5	成山头	15.5
化　德	38.8	哈尔滨	31.7	济　南	25.3
呼和浩特	36.8	通　河	39.0	淮　坊	27.3
吉兰泰	19.1	尚　志	40.1	荷　泽	28.2
鄂托克旗	26.3	鸡　西	29.9	兖　州	28.4
王盖庙	34.6	牡丹江	27.4	河南省	
鲁　北	35.6	绥芬河	27.1	安　阳	27.6
林　东	38.2	江苏省		卢　氏	34.0
锡林浩特	31.4	徐　州	27.6	郑　州	22.0
林　西	46.3	赣　榆	33.5	驻马店	27.6

站　名	日　数	站　名	日　数	站　名	日　数
信　阳	28.6	成　都	34.6	汉　中	31.0
湖北省		九　龙	70.6	甘肃省	
老河口	26.0	宜　宾	39.5	敦　煌	5.3
恩　施	49.3	西　昌	72.9	玉门镇	8.0
宜　昌	44.1	会　理	72.5	酒　泉	12.6
武　汉	36.9	万　源	35.1	天祝马峭岭	47.5
湖南省		南　充	39.8	兰　州	23.2
常　德	49.1	重庆沙坪坝	36.5	平　凉	28.4
长　沙	49.5	酉　阳	52.0	塑　作	63.8
芷　江	64.8	贵州省		武　都	22.2
零　陵	65.3	毕　节	61.3	天　水	16.2
广东省		理　义	62.6	青海省	
昭　关	77.9	贵　阳	51.6	冷　湖	2.5
广　州	80.3	兴　仁	77.0	大柴旦	7.6
河　源	83.2	云南省		刚　察	60.4
汕　头	51.7	德　钦	24.4	格尔木	2.8
海丰汕尾	60.8	丽　江	75.8	都　兰	8.8
阳　江	92.6	腾　冲	79.8	西　宁	31.4
海南省		楚　雄	60.5	同　德	56.9
海　口	112.7	昆　明	66.3	托托河	55.6
东　方	90.3	临　沧	86.9	白麻菜	65.6
琼　海	99.9	澜　沧	106.0	玉　树	64.5
广西壮族自治区		思　茅	102.7	玛　多	44.9
桂　林	77.6	蒙　自	72.9	达　日	67.5
河　池	64.0	西藏自治区		宁夏回族自治区	
百　色	76.8	那　曲	83.6	银　川	19.3
桂　平	96.5	丁　青	71.9	盐　池	22.4
梧　州	92.3	班　戈	71.1	新疆维吾尔自治区	
戈　州	88.4	昌　都	55.6	阿勒泰	21.4
南　宁	90.3	拉　萨	65.7	富　藉	14.0
钦　州	103.2	帕　里	21.3	和布克赛尔	30.2
四川省		日喀则	76.8	克拉玛依	30.6
甘　孜	80.1	陕西省		精　河	20.2
马尔康	68.8	榆　林	29.6	奇　台	8.4
松　潘	53.9	延　安	30.5	伊　宁	26.1
理　塘	83.3	西　安	16.7	乌鲁木齐	8.9

站　名	日　数	站　名	日　数	站　名	日　数
吐鲁番	9.7	若　芜	6.1	台　北	27.9
哈　密	6.8	莎　车	8.9	新　竹	25.1
库　车	28.7	和　田	3.1	台　中	37.4
喀　什	19.5	民丰安德河	5.6	嘉　义	50.9
巴　楚	20.5	台湾省		恒　春	13.0
尉犁铁干里克	12.1	桃　园	38.1		

2. 施工现场建筑机械设备的防雷

施工现场建筑机械是参照第三类工业建、构筑物的防雷规定设置防雷装置，但是一般建、构筑物的使用寿命在 50 年以上，而建筑机械在施工现场的使用周期一般都在五年以内，因此需要考虑年计算雷击次数 N 的具体数值如何。按规定 $N \geqslant 0.01$ 次/年的工业第三类和民用第二类的建、构筑物需要防雷；若将建筑机械的使用周期同建、构筑物的使用寿命相比较，那么放宽到按 $N \geqslant 0.1$ 次/年在该处的机械设备设置防雷装置就可以了，这是因为它们的落雷次数相等。所以对于建筑机械的防雷，考虑到一些其他因素，可按 $N \geqslant 0.03$ 次/年来确定防雷的建筑机械的高度。为减少施工现场的工作量，可参照 JGJ 46—88《施工现场临时用电安全技术规范》规定的数值，如表 2-9 所示。

施工现场内机械设备安装防雷装置的规定　　　　表 2-9

地区现场平均雷暴日（天）	机械设备高度（m）
≤15	≥50
15～40	≥32
40～90	≥20
≥90 及雷害特别严重的地区	≥12

3. 避雷针的保护范围

因为绝大多数雷云距离地面都在 300m 以上，所以一般情况下避雷针的保护范围不受雷云高度变动的影响。避雷针的保护范围是根据模型实验及长期运行经验确定的。所谓保护范围是指被保护物不致遭受雷击的最大空间范围。本书仅介绍单支避雷针的保护范围。

单支避雷针的保护范围是以避雷针为轴的折线圆锥体，如图 2-14 所示，折线的确定方法：A 点为避雷针顶点，B 或 B' 点的高度及与避雷针轴的距离 B 同于避雷针高度一半（$h/2$）的点。C 点是地

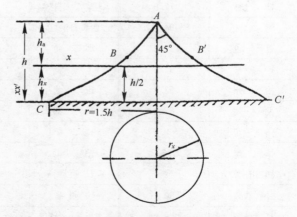

图 2-14　单支避雷针的保护范围

h—避雷针的高度，h_a—被保护物的高度；h_x—避雷针本身的有效高度；r_x—避雷针在 h_x 高度水平面上的保护半径

平面上距离避雷针轴为 $1.5h$ 的一点，连接 ABC 即为保护范围的折线。折线表示针高为 h 时，避雷针在地面上的保护半径 $r=1.5h$，若被保护物的高度为 h，则在高 h 的水平面上（即 xx' 水平面）的保护半径 r，按下列公式计算：

$$当\ h_x \geqslant h/2\ 时，r_x = (h - h_x) \cdot p$$
$$当\ h_x < h/2\ 时，r_x = (1.5h - 2h_x) \cdot p$$

式中，p——考虑到避雷针太高时其保护半径不成正比增加而适当减小的修正系数，当 $h \leqslant 30m$ 时，$p=1$；当 $30m < h \leqslant 120m$ 时，

$$p = \frac{5.5}{\sqrt{h}}$$

各个高度和半径均以 m 计算。被保护物的高度系指最高点的高度，被保护物必须完全处在折线锥体之内方能确保安全。但是，在《施工现场临时用电安全技术规范》JGJ 46—2005中，规定单支避雷针的保护范围是以避雷针为轴的直线圆锥体，直线与轴即地面保护半径所对应的角为 $60°$，这种简易计算，主要是考虑到施工现场使用方便等因素。

第四节 配 电 系 统

一、配电线路

一般情况下，施工现场的配电线路包括室外线路和室内线路。其敷设方式：室外线路主要有绝缘导线架空敷设（架空线路）和绝缘电缆埋地敷设（埋地电缆线路）两种，也有电缆路架空明敷的。室内线路通常有绝缘导线或电缆的明敷设和暗敷设（明设线路或暗设线路）两种。

（一）架空线路的安全要求

架空线路由导线、绝缘子、横担及电杆等组成。

架空线路的安全要求如下：

(1) 架空线必须采用绝缘导线。

(2) 架空线的档距与弧垂。架空线路的档距要求比较严格，施工现场的要求高于其他标准，《施工现场临时用电安全技术规范》JGJ 46—2005 规定的档距为不得大于 35m，线间距不得小于 30mm，还规定了架空线的最大弧垂处与地面的最小垂直距离（施工现场一般场所 4m、机动车道 6m、铁路轨道 7.5m）。弧垂亦称弛度，它是导线悬挂点至导线最低点之间的垂直距离，它与导线截面、档距、杆高有关，它的大小可查有关资料或由有经验的电气技术人员确定。

(3) 架空导线的最小截面：架空导线的选择不仅要通过负荷计算，而且还要考虑其机械强度才能确定，通常以保持其最小截面为限定条件。《施工现场临时用电安全技术规范》JGJ 46—2005 规定，用作架空线路的铝绞线截面不得小于 16mm²；铜线截面不得小于 10mm²；跨越铁路、公路、河流、电力线路档距内的铝线截面不得小于 35mm²，并不得有接头。

(4) 架空导线的相序排列：前已述及，施工现场临时用电工程的零线设置，除工作零线外还有专用保护零线。专用保护零线的设置就给架空导线的相序排列增加了一个新的附

加内容。按照《施工现场临时用电安全技术规范》JGJ 46—2005 的规定，架空线路的相序排列应符合以下原则：

相序排列规定：

① 工作零线与相线在一个横担架设时，导线相序排列是：面向负荷从左侧起为 A、(N)、B、C。

② 和保护零线在同一横担架设时，导线相序排列是：面向负荷从左侧起为 A、(N)、B、C、(PE)。

③ 动力线、照明线在两个横担上分别架设时，上层横担，面向负荷从左侧起为 A、B、C；下层横担，面向负荷从左侧起为 A(B、C)、(N)、(PE)；在两个以上横担上架设时，最下层横担面向负荷，最右边的导线为保护零线(PE)。

只有配电线路清晰、准确的相序排列，才能保证电气设备有安全可靠的接线。

(5) 接户线的对地距离、线间距和最小截面的规定按正式工程的规定要求。

(6) 架空线路的横担长度、面积、横担间的距离，架空线路与邻近线路或设施的距离等可参见《施工现场临时用电安全技术规范》JGJ 46—2005。

这些规定中有三个数值需要予以说明：

(1) 架空线路的最大弧垂处与施工现场地面的最小垂直距离为 4m，与机动车道、铁路轨道的最小垂直距离分开。这是考虑施工现场实际，它不是交通要道，来往人员少，故其值可放宽些，但仍需考虑能安全过往人员和搬运物料，且有一定裕度，所以规定为 4m。

(2) 导线的边线与建筑物凸出部分的最小水平距离为 1m。这是考虑现场架线可以避开建筑物，避不开的建筑物甚少，而且碰上绝缘损坏的导线的机会就更少了，所以这个数值较一般规定放宽了一些要求，规定为 1m。

(3) 架空线路摆动最大时至树梢的最小净空距离为 0.5m。强调施工现场架空线必须架设在专用电杆上。严禁架设在树木、脚手架上；同时考虑施工现场一般施工期不会很长，树木生长不会变化很大，所以此值较一般规定也有所放宽，规定为 0.5m。

(二) 室内配线的安全要求

安装在室内的导线，以及它们的支持物、固定用配件，总称室内配线。

室内配线分明装、暗装两种，明装就是将导线沿屋顶、墙壁敷设，暗装就是将导线敷设在墙内、地下、顶棚上面等看不到的地方。

不论哪种配线方式，均应满足使用和安全可靠的要求，一般要求如下：

(1) 配线的线路应减少弯曲而取直；

(2) 导线的额定电压应大于线路的工作电压；

(3) 导线绝缘层应符合线路的安全方式和敷设的环境条件；

(4) 导线截面应满足供电容量要求和机械强度要求；

(5) 导线连接和分支处，不应受机械作用；

(6) 线路中应尽量减少接头，以减少故障点；

(7) 为了减少接触电阻和防止脱落，截面在 10mm² 以下的导线可将线芯直接与电器端子压接。截面在 16mm² 以上的导线，可将线芯先装入接线连接端子内，然后再与电器端子连接，以保证有足够的接触面积；

(8) 线路尽可能避开热源；

（9）水平敷设的线路距地面低于 2m 或垂直敷设的线路距地面低于 1.8m 的线段，应预防机械损伤；

（10）布线位置，应便于检查；

（11）为防止漏电，线路对地的绝缘电阻不应小于每伏 1000Ω。

（三）电缆线路的安全要求

室外电缆的敷设分为埋地和架空两种方式，以埋地敷设为宜。

室外电缆埋地敷设有下列优点：

（1）安全可靠，人身危害大量减少。特别是在施工现场的工地上，由于杂物、仓库、材料、临时设施多，其防止损伤的优点最为突出；

（2）维修量大大减少；

（3）线路不易受雷电袭击。

室内外电缆的敷设和安全要求：

（1）确定敷设方式和地点，应以经济、方便、安全、可靠为依据。电缆直埋方式，施工较简单，投资省，散热好，应首先考虑。选择的地点应能保证电缆不受机械损伤或其他热辐射，同时还应尽量避开建筑物和交通要道。

（2）电缆直接埋地的深度应不小于 0.6m，并在电缆上下各均匀铺设不小于 50mm 厚的细砂，然后覆盖砖等硬质保护层。

（3）电缆穿越建筑物、构筑物等易受机械损伤的场所时应加防护套管。

（4）橡皮电缆架空敷设时，应沿墙壁或电杆设置。严禁用金属裸线作绑线，电缆的最大弧垂距地不得小于 2.5m。

（5）在建高层建筑内，可采用铝芯塑料电缆垂直敷设。因为铝芯电缆在相同的载流下，铝线的重量约为铜线重量的 1/2；电缆垂直敷设的位置应该首先充分利用在建工程的竖井、孔洞等，且其固定点每层楼不得少于一处；电缆水平敷设宜沿墙或门口固定，最大弧垂距地不得小于 1.8m，以防施工过程中人及物料经常触碰。

二、配电箱和开关箱

（一）配电箱与开关箱的设置

1. 设置原则

配电箱与开关箱的设置原则是关系到施工现场临时用电安全技术管理的重要问题，为便于对现场配电系统作安全技术管理和维护，配电箱应作分级设置。即在现场应设总配电箱（或配电室），总配电箱以下设分配电箱，分配电箱以下设开关箱，开关箱以下就是用电设备，其中分配电箱的层次视现场规模、用电容量或用电设备数量而定，一般情况以三级配电为宜，这样一来，配电层次就十分清楚而明确，即总配电箱给分配电箱配电。分配电箱给开关箱配电，开关箱由末级分配电箱配电。基本分级配电示意图如图 2-15 所示。

施工现场的工作照明和安全照明问题，由于它们对总体施工安全具有重要意义，尤其是有夜间施工的场合，可靠的照明不可缺少，因此为防止动力用电和照明用电互相干扰，照明配电宜与动力配电分别设置，各自自成独立配电系统，以不致因动力停电或电气故障而影响照明。

2. 位置选择与环境条件

总配电箱是施工现场配电系统的总枢纽，其装设位置应考虑便于电源引入、靠近负荷

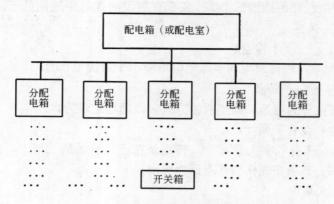

图 2-15　配电箱分级设置示意图

中心、减少配电线路、缩短配电距离等因素综合确定。

分配电箱则应考虑到用电设备分布状况分片装设在用电设备或负荷相对集中的地区，分配电箱与开关箱的距离应力求缩短，以避免电力浪费和线路混乱。

开关箱与所控制的用电设备的距离更不宜过长，应保证当操作开关箱的开关时用电设备的起动、停止和运行情况能在操作者的可监护视野范围之内。这是因为开关箱里往往有需要频繁操作的开关电器，如果离开所控制的用电设备过远，不仅给正常操作带来不便，更重要的是在用电设备发生非正常现象或故障时，会因不能及时切断电源而酿成更大事故。所以，开关箱与其所控制的用电设备应力求靠近，但也不宜过分靠近，因为用电设备工作时的振动也会给开关箱的工作可靠性带来不利影响。

配电箱、开关箱的周围环境应保障箱内开关电器正常、可靠地工作。首先，由于配电箱、开关箱里开关电器的动作(接通、分断、切换等)不可避免地会产生电火花，这种电火花遇到可燃性气体会引起爆炸。其次，环境中的污染、腐蚀气体和液体一方面对开关电器的触头等导电部分有氧化腐蚀作用，导致电接触不良；另一方面对开关电器的绝缘部分也会产生侵害，导致绝缘强度下降，以致发生漏电。第三施工现场振动强烈的机械较多，施工落物也时常发生，处于这种环境下的开关电器易因剧烈振动和撞击而误动作，导致用电设备突然停电或送电或电器被损坏。鉴于这些情况，为保障配电箱、开关箱及其内部开关电器正常、可靠地工作，配电箱和开关箱的装设环境应符合下述要求：

(1) 干燥、通风、常温，无热源烘烤，无液体浸溅；

(2) 无严重瓦斯、蒸气、烟气以及其他有害介质；

(3) 无外力撞击和强烈振动；

(4) 防雨、防尘。

如果这些要求难以达到，则应采取其他有效的防护措施。

除此以外，配电箱、开关箱周围的空间条件，则应保证足够的工作场地和通道，不应放置有碍操作、维修和对电气线路有损伤作用的杂物，不应有灌木、杂草丛生。

3. 电气安全技术措施

为了确保配电箱、开关箱及其内部开关电器能够安全、可靠地运用，特别是防止因漏电而造成的触电伤害事故，还应当在电气技术上采取可靠的防护措施。这些措施主要是：

（1）关于配电箱、开关箱的箱体材料问题

配电箱、开关箱的箱体材料一般应选用铁板，亦可选用绝缘板，而不宜选用木质材料。

铁质箱比木质箱具有两个显著的优点：第一，铁质箱比木质箱具有较高的机械强度，能承受较强的机械撞击，并具有强的环境适应能力，对风沙、雨雪有较好的抵御能力。第二，铁质箱便于作整体保护接零或保护接地，能有效地防止因漏电而造成的触电伤害，至于绝缘材料箱因其与木质箱相比具有较高的机械强度和良好的整体绝缘性能，所以比木质箱的安全方面优越得多。

（2）关于配电箱、开关箱及其内部开关电器的安装问题

配电箱、开关箱及其内部开关电器的安装均应符合技术要求，按规定工作位置安装端正、牢固，不得倒置、歪斜、松动乃至摇晃。移动式配电箱、开关箱还应牢固安装在坚实、稳定的支架上，应禁止将配电箱、开关箱置于地面并随意拖拉。此外，配电箱、开关箱的安装高度应能适应操作、承受并能尽量避开意外撞击。通常规定固定式配电箱、开关箱的下底面安装高度以 1.3～1.5m 为宜。移动式配电箱、开关箱，其下底面的安装高度则以 0.6～1.5m 为宜。

（3）关于配电箱、开关箱的进出导线的防护问题

配电箱、开关箱的导线进出口处是漏电的多发点之一，常因带电导线绝缘的损坏而发生碰壳短路事故，因此敷设进出导线应在导线进出口处加强绝缘，并卡固；同时，为了防止雨、雪、尘、沙随进出导线口进入箱内，所有进出线口应一律设在箱体的下底面，而不应设在箱体的上面、后面和侧面，更不应当从箱门的缝隙中引进和引出导线。此外，配电箱和开关箱的进出导线不得承受超过导线自重的拉拽力，以防止导线被拉断或在箱内的接头被拉开。

（4）关于配电箱、开关箱内的连接导线问题

因为配电箱和开关箱内的连接导线一般都是带电部分，所以必须采用绝缘良好的绝缘导线，不得使用裸导线或绝缘有损伤的导线；另外为了保证导线与导线之间，导线与开关电器之间具有可靠的电气连接，所有接头必须牢固而不得松动，也不得有外露导电部分，特别是铝导线接头，如果接头松动，则容易在接头处因电接触不良而产生高温、甚至电火花，使接头处绝缘烧毁而导致短路故障；专用保护零线，为了使作保护接零时有可靠的电气连接，应一律采用绝缘铜线，而不应采用铝线或铁线。

（5）关于配电箱、开关箱的保护接零问题

为了确保一旦发生漏电时配电箱、开关箱铁质箱体以及其内部所有正常不带电的金属部件为零电位，配电箱和开关箱的铁质箱体应作可靠的保护接零，即与专用保护零线作可靠的电气连接，箱内所有开关电器的正常不带电的金属基座、外壳等则应与铁质箱体作可靠的金属性连接，或直接与专用保护零线作电气连接。为了明晰起见，保护零线应按国际标准采用绿/黄双色线，并通过专用接线端子板连接，且与工作接零相区别。

（二）配电箱与开关箱的电器选择

1. 选择原则

配电箱、开关箱内的开关电器应能保证在正常或故障情况下可靠地分断电路，在漏电的情况下可靠地使漏电设备脱离电源，在维修时有明确可见的电源分断点。为此，配电箱

和开关箱内的电器选择应遵循下述各项原则：

(1) 所有开关电器必须是合格产品，不论是选用新电器，还是延用旧电器，必须完整、无损、动作可靠、绝缘良好，严禁使用破、损电器。

(2) 配电箱、开关箱内必须设置在任何情况下能够分断、隔离电源的开关电器。

(3) 手动开关电器一般用作空载情况下通、断路。可直接控制小容量(5.5kW以下)动力电器和照明电器。但不得直接控制大容量动力电路。正常负载和故障情况下以及频繁通、断电路则一般应采用自动开关电器，如接触器、自动空气开关等。

(4) 配电箱内的开关电器应与配电线路一一对应配合，作分路设置，以实现专路专控；总开关电器与分路开关电器的额定值、动作整定值应相适应，以保证在故障情况下能分级动作。

(5) 开关箱与用电设备之间应实行"一机一闸"制，禁止"一闸多机"。开关箱的开关电器的额定值应与用电设备额定值相适应。

(6) 配电箱、开关箱内应设置漏电保护器，其额定漏电动作电流和额定漏电动作时间应安全可靠(一般额定漏电动作电流≤30mA，额定漏电动作时间<0.1s)，并具有合适的分级配合。但总配电箱(或配电室)内的漏电保护器其额定漏电动作电流与额定漏电动作时间的乘积最高应限制在 30mA·s 以内。

(7) 配电箱、开关箱的进出导线必须采用绝缘良好的导线；对于移动式配电箱和开关箱，其进出导线则应采用橡皮绝缘电缆，以保障其绝缘性能和抗磨损性能。

(8) 进入配电箱和开关箱的电源线必须作固定联接，严禁通过插销等作活动联接，以防止因电源插头或插销脱落而造成带电部分裸露，导致意外触电和短路事故。

2. 常用开关电器的选择方法

(1) 刀开关的选择

刀开关又称闸刀开关，主要用途是用作接通、分断长期工作线路和设备的电源。一般用于空载操作或作为电源隔离开关使用，也可用于控制不经常起动的、容量小于 5.5kW 的异步电动机。

刀开关在结构上有单极、双极、三极之分，有些刀开关还附有熔断体，并兼有短路保护功能。

刀开关的选择主要是根据电压等级、负荷容量、极数及使用场合来选用。配电箱、开关箱中的刀开关当用于空载操作时，其额定电流应大于或等于负荷最大正常工作电流；当用于控制异步电动机时，其额定电流应小于电动机额定电流的 3 倍。

(2) 组合开关的选择

组合开关实际上是一种刀片(动触头)可旋转的旋转式刀开关，主要用途是用作电源空载引入和切换，也可用于控制每小时起动次数不超过 15~20 次的容量小于 5.5kW 的异步电动机。

组合开关的选择与刀开关基本相同，区别在于当用于控制异步电动机时，其额定电流一般取电动机额定电流的 1.5~2.5 倍。

(3) 熔断器的选择

熔断器主要用作电路的短路保护和过载保护，亦可作为电源隔离开关使用，熔断器选择的主要内容是确定熔断器的形式，熔断器熔体额定电流，熔断器熔体动作选择性配合，熔断器额定电压、电流等级等。其中主要是确定熔断器熔体额定电流。

熔断器熔体额定电流的确定应符合以下要求：

① 一般要求

熔断器熔体额定电流 I_{tr}，应不小于线路计算电流 I_{jz}，即

$$I_{tr} \geqslant I_{jz}(A)$$

② 电动机配电线路

对于电动机配电线路，熔断器熔体额定电流应满足

$$I_{tr} \geqslant \frac{I_{tf}}{\alpha}(A)$$

式中：I_{tf}——配电线路的尖峰电流（A），在单台电动机回路里，I_{tf} 应取该电动机的起动电流 I_{gd}；在多台电动机回路里，I_{tf} 一般应取容量最大的一台电动机的起动电流与其余各台电动机的额定电流之和。

α——决定于电动机起动状况和熔断器形式、特性的系数，详见表 2-10。

系　数　α　　　　　　　　　　　　　　表 2-10

熔断器型号	熔体材料	熔体电流	α	
			电动机轻微起动	电动机重载起动
RTO	铜	50A 及以下	2.5	2
		60～200A	3.5	3
		200A 以上	4	3
RM10	锌	60A 及以下	2.5	2
		80～200A	3	2.5
		200A 以下	3.5	3
RM1	锌	10～350A	2.5	2
RL1	铜 根	60A 及以下	2.5	2
		80～100A	3	2.5
RC1A	铅 洞	10～200A	3	2

注：轻载起动时间按 6～10s 考虑，重载起动时间按 15～26s 考虑。

③ 电焊机线路

对于电焊机配电线路，熔断器熔体额定电流应满足

$$I_{tr} = K \cdot \Sigma \frac{S_e \sqrt{JC_e}}{U_e} \cdot 10^3 (A)$$

式中：K——决定于电焊机回路的系数，对于单相单台电焊机回路，系数 K 取 1.2；对于 2～3 台单相并列电焊机回路，系数 K 取 1.0；对于 3 台以上单相并列电焊机回路，系数 K 取 0.65；S_e——电焊机的额定容量（kVA）；U_e——电焊机的额定电压（V）；JC_e——电焊机的额定暂载率，一般为 $JC_e = 65\%$。

常用熔体（熔丝）规格及技术数据见表 2-11，可供更换熔体时选用。

常用熔丝规格及技术数据　　　　　　　表 2-11

熔丝品种	直径(mm)	额定电流(A)	熔断电流(A)	熔丝品种	直径(mm)	额定电流(A)	熔断电流(A)
铅锡合金丝	0.51	2	3	铜丝	1.83	96	191
	0.56	2.3	3.5		2.03	115	229
	0.51	2.6	4	青铅合金丝	0.08	0.25	
	0.71	3.3	5		0.15	0.5	
	0.81	4.1	6		0.20	0.75	
	0.92	4.8	7		0.22	0.8	
	1.22	7	10		0.28	1	
	1.63	11	16		0.29	1.05	
	1.83	13	19		0.36	1.25	
	2.03	15	22		0.40	1.5	
	2.35	18	27		0.45	1.85	
	2.65	22	32		0.50	2	
	2.95	26	37		0.54	2.25	
	3.26	30	44		0.58	2.5	
铜丝	0.23	4.2	8.6		0.65	3	
	0.25	4.2	9.8		0.94	5	
	0.27	5.5	11		1.16	6	
	0.3	6.1	12.8		1.26	8	
	0.32	6.8	13.5		1.51	10	
	0.37	8.6	17		1.66	11	
	0.46	11	22		1.75	12.5	
	0.56	15	30		1.08	15	
	0.74	21	41		2.35	20	
	0.74	22	43		2.08	26	
	0.91	31	62		3.44	30	
	1.02	37	73		3.82	40	
	1.12	48	86		4.12	45	
	1.22	49	98		4.44	50	
	1.32	56	111		4.91	60	
	1.42	63	125		5.24	70	
	1.67	78	156				

注：①铅锡合金丝：含铅 75%，锡 25%。

②锡锡合金丝的熔断电流是指 2min 内熔断所需电流。

③铜丝熔断电流是指 1min 内熔断所需电流。2min 所需电流为 1min 的 90% 以上。

（三）配电箱与开关箱的使用和维护

为保障配电箱、开关箱安全运行，其使用和维护方面应当严格遵循以下原则：

1. 关于配电箱、开关箱的标志

为加强对配电箱和开关箱的管理，防止误操作带来的危害，所有配电箱、开关箱应在其箱门处标注其编号、名称、用途和分路情况。

所有配电箱、开关箱必须专箱专用，不得随意另行挂接其他临时用电设备。

2. 关于配电箱与开关箱的操作顺序

为防止停、送电时电源手动隔离开关带负荷操作，以及便于对用电设备在停、送电时进行监护，配电箱、开关箱之间应当遵循一个合理的操作顺序。即停电时其操作顺序应当是开关箱—分配电箱—总配电箱(配电室内的配电屏)；送电时其操作顺序应当是总配电箱(配电室内的配电屏)—分配电箱—开关箱。

配电箱和开关箱里的开关电器，亦应遵循相应的操作顺序，即在正常情况下停电时先分断自动开关电器，后分断手动开关电器；送电时应先关合手动开关电器，后关合自动开关电器。

在出现电器故障，尤其是当发生人体触电伤害事故时，允许就地就近将有关开关分断。

3. 关于配电箱、开关箱的操作者

为了确保配电箱、开关箱的正确使用，及时发现使用过程中的问题和隐患，及时维修以防止电气事故的发生，配电箱、开关箱的操作者接受必要的岗前安全、技术培训，通过培训应达到掌握安全用电基本知识，熟悉所用设备的电气性能，熟练掌握有关开关电器的正确操作方法。

配电箱、开关箱的操作者上岗时应按规定穿戴合格的绝缘用品，并经外观检查认定有关配电箱、开关箱、用电设备、电气线路和保护设施完好后方可进行操作。当发现问题或异常时应及时处置，例如，如发现保护零线断线或接头松动、脱落，应予重新牢固连接才可操作。配电箱、开关箱操作后出现异常现象(如当控制电动机的开关箱合闸通电后，电动机不能起动)，则应立即拉闸断电，进行检查处置。配电箱、开关箱、电气线路、用电设备和保护设施进行检查处置应由电气专业人员完成。

4. 关于配电箱与开关箱的维修

由于施工现场临时用电工程的运行环境条件差于正式用电工程，所以配电箱和开关箱应加强定期检查、维修。检查、维修周期应适当缩短，一般以一月一次为宜。

保障配电箱、开关箱内的开关电器能安全可靠地运行，应经常保持箱内整洁、干燥无杂物，尤其不得放置易燃品和金属导电器材，以防止开关火花点燃易燃品起火爆炸和防止金属导电器材意外触碰带电部分引起电器短路或人体触电。

更换熔断器的熔体(熔丝)，必须采用原规格的合格熔体，禁止用任何非标准的、不合格的熔体代替。

5. 关于配电箱、开关箱的环境

配电箱、开关箱的工作环境应经常保持设置时的要求，不得在其周围堆放金属导电器材和任何杂物，不得存放强腐蚀介质，并保持必要的操作空间和通道。

第五节 电动建筑机械和手持电动工具的安全用电要求

随着建筑业的蓬勃发展，建筑施工的机械化、自动化程度也在不断提高，大量电动建筑机械和手持电动工具进入施工现场。无疑这对于加快工程进度，提高工程质量起到了积极的推动作用。但是，从另一方面来看，这些电动机械和工具绝大部分安装、运行于露天，环境条件恶劣，并且经常与人直接接触，因而发生电气事故，尤其是人体触电伤害事故的机率也随之增加，所以必须从技术上采取可靠的保安措施，以确保在电动建筑机械和手持电动工具上的用电安全，杜绝可能发生的任何意外触电事故。

施工现场的电动建筑机械和手持电动工具主要有塔式起重机、混凝土搅拌机、水泵、打夯机、水磨石机、手电钻等，这些用电设备在使用过程中容易发生导致人体触电的事故主要有下述几种情况。

(1) 用电设备(例如塔吊、打夯机等)触碰配电线路，造成配电线路漏电或断线；

(2) 用电设备上的电气设备(如电动机、变压器等)的绝缘老化、破损、受潮、受腐蚀等，造成其金属机座、外壳等漏电；

(3) 移动式用电设备(如手电钻、水磨石机等)的电源线松脱，造成其金属外壳带电。

还有其他一些情况，这里不再赘述。在上述情况下，如果没有可靠的保护措施，人体触电就不可避免。

本节将针对建筑施工现场的实际情况，阐述适合电动建筑机械和手持电动工具特点的用电安全技术要求。其核心仍然是正确运用保护接零和漏电保护器，目的是为了保障用电建筑机械、手持电动工具的操作者和专业电气人员在使用、检查、维修时避免遭受触电伤害事故和引发二次伤害事故。

一、对电动建筑机械和手持电动工具的要求

进入建筑施工现场的电动建筑机械和手持电动工具及其附属电气装置(例如开关箱及其中的开关电器、漏电保护器、电缆、插座等)应符合下述要求：

(1) 产品设计和制造应符合产品的国家标准、专业标准和安全技术规程；

(2) 产品必须通过有关主管部门鉴定；

(3) 产品必须经当地产品质量监督部门及其以上部门检测认可；

(4) 必须提供产品合格证、说明书(包括主要技术参数、工作原理、电气原理图和安装使用方法等)。

从触电危险程度的角度考虑，电动建筑机械和手持电动工具的施工场所环境可分为：

1. 一般场所

相对湿度≤75％的干燥场所；无导电粉尘的场所；气温不高于30℃的场所；有不导电地板(干燥木地板、塑料地板、沥青地板等)的场所等。

2. 危险场所

相对湿度长期处于75％以上的潮湿场所；露天并且能遭受雨、雪侵袭的场所；有导电粉尘的场所；气温高于30℃炎热的场所；有导电的泥、混凝土或金属结构地板的场所；施工中常处于水湿润的场所。

3. 高度危险场所

相对温度接近100％，蒸气潮湿的环境，有活性化学媒质放出腐蚀性气体或液体的场所；具有两个以上危险场所特征(如导电地板和高温、或导电地板和有导电粉尘)的场所。

手持电动工具按防触电保护的要求可分为Ⅰ、Ⅱ、Ⅲ类工具：

1. Ⅰ类工具

Ⅰ类工具在防止触电的保护方面不仅依靠其基本绝缘，而且包含一个附加的安全预防措施。其方法是将可触及的可导电零件与已安装的固定线路中的保护(接地或接零)导线连接起来，即当基本绝缘损坏时会成为带电体的可触及的可导电零件永久地、可靠地和工具内的接线端子作金属连接。

Ⅰ类工具在无其他附加触电保护措施情况下，只能依靠保护接地或保护接零来保证其安全使用。但单纯接地是不能保证在触电时操作者人身安全的。因此Ⅰ类工具在使用时必须另有附加保护措施。例如使用个人防护用品、漏电保护器和隔离变压器等。目前国际上一些国家已不允许生产和销售Ⅰ类工具，我国也正在向这一方面发展。

2. Ⅱ类工具

Ⅱ类工具在防止触电的保护方面不仅依靠其基本绝缘，而且它还提供双重绝缘或加强绝缘的附加安全预防措施。设有保护接地或依赖安装条件的安全措施，即所有可触及的金属零件与带电部分之间必须用双重绝缘或加强绝缘隔离，不得仅有用基本绝缘隔离的部分。

Ⅱ类工具通俗地来讲是将个人防护用品以可靠的、有效的方式设计制作在工具上，因此有双重独立的保护系统。

3. Ⅲ类工具

Ⅲ类工具在防止触电的保护方面依靠安全特低电压供电。使用时，必须用安全隔离变压器供电。带电体勿采用基本绝缘或外壳防护，防止人体直接接触带电体。

二、安全用电要求

1. 电源隔离装置

用电建筑机械本身都有开关装置，用以控制其启动、停止以及设备的各种保护等。但是，为了保证检修安全，与供电线路或其他正在运行的电气设备必须能可靠地隔离。因此，要在其电源线的前端设置隔离开关。

用电机械开关箱内的开关、电器(如自动开关或漏电自动开关、熔断器等)以及导线、电缆的选择必须与用电机械的技术性能和使用环境等相适应，但漏电保护器的配置是必不可少的。

2. 采用专用保护零线的接零系统

凡在施工现场专用的中性点直接接地的电力线路中使用的电动建筑机械必须采用具有专用保护零线的接零保护系统。塔式起重机、室外电梯、滑升模板的金属操作平台和需设置避雷装置的井字架等大型机械设备，还需按要求作重复接地。设备的金属结构架间应保证有良好的电气连接。

塔式起重机的重复接地有特殊要求，轨道两端应各设一组接地装置，轨道间应作环形电气连接，较长的轨道每隔 30m 应加一组接地装置。

产生振动的设备，其保护零线的连接点应增加到至少两处。

手持电动工具中的Ⅱ类电动工具和Ⅲ类电动工具可不作保护接零。如前所述，这主要是由Ⅱ类和Ⅲ类工具的特性和结构来决定的。

例如Ⅲ类电动工具的安全特低电压是由安全隔离变压器或具有同等隔离程度的独立电源(如电池等)供电的。它不仅输出特低电压，并且它的输入、输出端在电路上实行隔离，与其他电器设备在电气上也是隔离的，这样由于输出电路不接地，一旦外壳带电，也无法形成电流回路，对接零系统来说也无法形成相、零短路电流。

3. 装设漏电保护器

电动建筑机械在作好保护接零的同时，必须在设备电气负荷线的首端处设置高灵敏、高速型漏电保护器。

一般场所应装设额定漏电动作电流不大于 30mA，额定漏电动作时间小于 0.1s 的漏电保护器。

危险场所和高度危险场所应装设额定漏电动作电流不大于 15mA，额定漏电动作时间小于 0.1s 的漏电保护器，而且应是防溅型的或具有防溅保护设施。如桩工机械、潜水式钻孔机、夯土机、平板振动器、地面抹光机、水磨石机、水泵等设备电气负荷线的首端，必须装设防溅型漏电保护器。

手持电动工具的漏电保护与其使用场所有关。

一般场所宜选用 II 类工具，并应装设额定漏电动作电流不大于 15mA、额定漏电动作时间小于 0.1s 的漏电保护器。若采用 I 类工具，还必须作保护接零。

危险场所和高度危险场所，必须采用 II 类工具，并装设上述动作参数的防溅型漏电保护器，严禁使用 I 类工具。

狭窄场所（锅炉、金属容器、地沟、管道内等），宜采用 III 类工具，并且必须装设上述动作参数的防溅型漏电保护器。隔离变压器应装在狭窄场所以外，工作时应有监护人进行监护。

4. 绝缘性能和温升检查

电动建筑机械和手持电动工具的电气系统由供电线路、控制线路和电动机组成，主要是依靠绝缘来实现直接接触的触电保护的。因此，绝缘电阻值是其用电安全的主要检查指标。凡有条件的单位均应定期进行检查，根据测量值判断是否会发生接地故障，从而预防触电事故的发生。

绝缘电阻的测量一般采用 500V 的 $M\Omega$ 表（俗称摇表），通常要求：

(1) 用电机械的主电路、控制电路对地绝缘电阻值不得小于 $1000\Omega/V$。

(2) 电动机的绝缘电阻

① 鼠笼式异步电动机绝缘电阻值不小于 $0.5M\Omega$。

② 绕线式异步电动机的绝缘电阻值不小于表 2-12 数值。

异步电动机的绝缘电阻   表 2-12

异 步 电 动 机	热 态	冷 态
定 子	$0.5M\Omega$	$2M\Omega$
转 子	$0.15M\Omega$	$0.8M\Omega$

(3) 手持电动工具

① I 类工具的绝缘电阻不小于 $2M\Omega$。

② II 类工具的绝缘电阻不小于 $7M\Omega$。

③ III 类工具的绝缘电阻不小于 $1M\Omega$。

电机的绝缘性能与温升有关，根据其温升可以判断绝缘性能的好坏，控制温升则是保证绝缘性能不受损失的关键，因此在高温环境下要降低功率使用。要及时发现电动机的两相运行，以及电动机绕组匝间短路等使电动机过载发热的故障。异步电动机的允许温升如表 2-13 所示。

异步电动机的允许温升(环境温度 40℃)　　　表 2-13

电动机的部位		A 级绝缘		B 级绝缘		C 级绝缘	
		最大允许温升℃	最高允许温度℃	最大允许温升℃	最高允许温度℃	最大允许温升℃	最高允许温度℃
定子绕组		55	95	65	105	70	110
转子绕组	绕线式	55	95	65	105	70	110
	鼠笼式	无　标　准					
定子铁芯		60	100	75	115	80	120
滑　环		60	100	70	110	80	120

甲级电动机的允许如下：

A 级绝缘　70℃

E 级绝缘　85℃

B 级绝缘　90℃

F 级绝缘　110℃

5. 电缆的安全检查

电动建筑机械和手持电动工具的负荷线必须按用电设备容量选用多股铜芯橡皮护套软电缆，其中绿/黄双色线在任何情况下只能用作保护零线或重复接地线。负荷线电缆不得有任何接头。

塔式起重机供电电缆不得拖地行走，并应采用防护性专用电缆。

潮湿露天场所，应使用耐气候型铜芯橡皮护套软电缆，如 YQW(轻)、YZW(中)、YCW(重)型电缆。

水泵、潜水泵等电动机的负荷线应采用 YHS 防水橡套电缆。

电焊机二次线宜采用 YH 型电焊机专用橡皮护套软电缆。

某些特殊的移动式电动机械的电缆长度也要有所限制。如：夯土机电缆长度应不大于50m，交流弧焊机一次电源线长度应不大于 5m，电焊机二次线电缆长度应不大于 30m。这些要求都是从安全角度考虑的，并在 JGJ 46—2005《施工现场临时用电安全技术规范》中有所体现。

三、漏电保护器及其使用

人体或家畜接触带电体并有电流通过，就叫做触电。人体触电不仅影响健康，而且能危及生命，所以必须对它进行保护。

(一)触电保护

所谓触电保护，就是保护人体或家畜免受触电伤害。通常，触电保护可分为两类：直接接触保护和间接接触保护。

1. 直接接触保护

直接接触保护是指防止人或家畜与带电体直接接触的保护。直接接触保护又分为整体保护与局部保护两种。

整体保护可以通过采用绝缘外壳、防护罩、电气隔离或其他类似的方式来实现。局部保护则是通过设置围栏、遮栏、安全距离或其他类似的方式实现的。应当注意，局部保护只能作为一种防止意外接触的保护，不能用来作为有意识接触的保护。

除上述直接接触保护措施以外，还可采用漏电保护器。按照《漏电电流工作保护器》GB 6829—86 的规定："额定漏电工作电流不超过 30mA 的漏电保护器，在其他保护措施失效时，也可作为直接接触的补充保护，但不能作为惟一的直接接触保护。"也就是说，采用漏电保护器作直接接触保护，是有条件的、辅助性的。

2. 间接接触保护

间接接触保护是指在（绝缘）故障情况下的触电保护，即对人或家畜与在故障情况下变为带电的外露导电部分接触的保护。

间接接触保护可以通过采用双重绝缘、隔离变压器、保护接零、保护接地、保护切断等方式实现。

双重绝缘是指在基本绝缘的基础上提供加强绝缘。

隔离变压器是一种单独的供电装置，在中性点直接接地的三相低压网络中，如果接入（变化为 1∶1 或降压）隔离变压器，则构成非接地系统回路。如图 2-16 所示：在该非接地系统回路中，人体触及带电体，就会有电流经过变压器次级线路、人体、大地、次级线路分布电容构成回路。由于隔离变压器次级线路与大地间的线路分布电容较小，容抗极大，因而人体不会有较大的容性电流通过，对人体不会产生显著的触电危害。所以，在中性点直接接地的三相低压系统中，采用隔离变压器可以有效地消除单相触电有较大危险的缺陷。

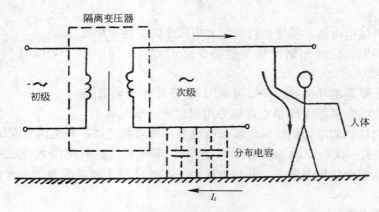

图 2-16 隔离变压器非接地系统

保护接零系统是将正常情况下不带电的可导电部分与零线相连接的系统。国际上常用的保护接零系统有 TN-C 系统，TN-S 系统，TN-C-S 系统。建筑施工现场最适合的系统应当按照《施工现场临时用电安全技术规范》JGJ 46—2005 的规定，采用具有专用保护零线的 TN-S 系统。即在 TN-S 系统中，保护接零应专用，不得作工作零线使用。所有的保护零线均应与专用保护零线相连接。

保护接地系统是将正常情况下不带电的可导电部分与大地直接相连接（通过接地体）。国际上常采用的还有 TT 系统和 TN 系统。

以上四项措施的本质是一样的，都是属于防止和限制电流流经人体，使之小于触电伤害电流值，以达到保护人身安全的。系统本身不能自动切断触电电流。

保护切断是一种能够自动切断触电电流的保护。保护切断是通过装设保护切断装置实现的。保护切断装置是一种当人体有意识地或意外地触及带电体或触及故障状态下带电的（正常情况下不带电的）可导电部分（例如电气装置、用电设备的金属外壳、基座等），当流经人体的电流大于能够导致触电伤害的电流值时，自动切断电源的装置。

保护切断装置分为两类：一类叫作过电流保护装置；另一类叫作漏电保护装置。

常用的过电流保护装置有自动开关（其中装设过流脱扣器）和熔断器等。自动开关或熔断器与保护接零系统的保护接零配合，就可以实现保护切断。在这种情况下，当电气设备的绝缘损坏时，带电体与正常情况下不带电的金属外壳、基座等相接触，将产生足够大的短路故障电流，该短路故障电流作用于自动开关（过流脱扣器部分），自动开关就会跳闸；作用于熔断器，熔断器的熔体就会熔断，从而切断电源。过电流保护装置由于其保护切断时间较长（尤其是熔断器），因而对人体触电保护来说，并不十分可靠。

漏电保护装置，即漏电保护器。它是一种主要用作漏电保护的电器，用作对人体有致命危险的触电进行保护。它的主要功能是提供间接接触保护。如上所述，在一定条件下，也可以用作直接接触的补充保护。

漏电保护器有两种基本类型：电压动作型漏电保护器和电流动作型漏电保护器。

电压动作型漏电保护器具有结构简单、容易制作的特点，但是由于其在原理上还有些问题，工作不太可靠，所以，现今已不再生产，已成为过时的产品。

电流动作型漏电保护器，即目前普遍应用的漏电保护器。这种漏电保护器是依靠检测漏电或人体触电时电源导线上电流在剩余电流互感器上产生不平衡磁通的原理制作的。当漏电电流或人体触电电流达到某动作整定值时，其开关触头分断，切断电源，实现触电保护。

电流动作型漏电保护器的防触电保护性能要比其他各种措施优越，工作可靠，不仅能对人体触电提供保护，而且还可防止电路发生漏电火灾。

对各种防触电措施的效果和适用范围，国际上承认德国的柯林克提供的分析图表，如图2-17所示。

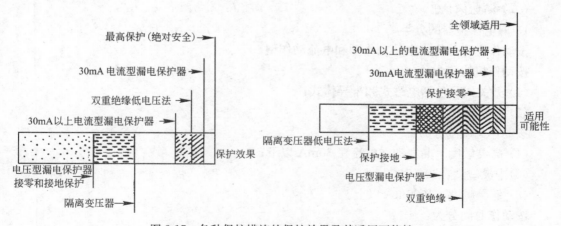

图 2-17　各种保护措施的保护效果及其适用可能性

（二）施工现场采用了 TN-S 系统后还要装设漏电保护器

目前，施工现场的低压配电系统大都采用三相四线制、中性点接地、工作零线与保护零线合二为一的 TN-C 系统。实际运行经验表明，TN-C 系统存在一些不安全因素，例如由于三相不平衡电流的存在，零线在正常情况下存在对地电压；零线断线时，电气设备的金属外壳对地可能存在相电压；电源相线碰地时，电气设备的金属外壳电位升高；线路长、负荷大时，为了保证正常运行，线路过流保护装置如熔断器、自动开关等可能难于切断单相接地短路故障电流。同时，还存在由于 TN-C 系统的重复接地，造成漏电保护器产生误动作，以至不能正常工作。因此，在《施工现场临时用电安全技术规范》中规定，施工现场的低压配电系统必须采用 TN-S 系统，即采用具有专用保护零线的保护接零系统。它的优点是专用保护零线在正常工作时不通过工作电流，只有当电气设备绝缘损坏时通过漏电故障电流。这样一来，正常情况下的三相不平衡电流不会使保护零线产生对地电压；在工作零线和专用保护零线的分离点以后，即使工作零线断线，电气设备的金属外壳对地也不会存在相电压。可见，TN-S 系统要比 TN-C 系统优越。但是，TN-S 系统和 TN-C 系统一样，都存在着接地短路保护灵敏度有限的问题。例如，TN 系统的单相碰壳短路故障电流为：

$$I_d = \frac{147}{Z_0}$$

若 $Z_0 = 1\Omega$，则 $I_d = 147A$，I_d 与 Z_0 成反比。

在配电系统中，由于受用电设备负荷电流和起动电流的限制，过电流保护装置的动作整定电流不能太小，否则用电设备无法起动和运行。一般说来，熔断器熔体的额定电流应比 I_d 小 4～5 倍（即为 36.75～29.4A）；自动开关的过流脱扣整定值应小于 I_d 的 1.5～2 倍（即为 98～73.5A）。这样才能保证在 TN 系统中某电气设备因绝缘损坏而造成相零短路的故障电流能使过流保护装置动作，切断电源。

但是，对于低压配电线路较长（Z_0 变大，I_d 变小）、负荷较大的施工现场，过电流保护装置往往不能保证迅速切断故障电流。因此，为可靠地保障人身安全，《施工现场临时用电安全技术规范》规定，在低压配电系统采了 TN-S 系统后，还必须使用电流动作型漏电保护器，使间接接触保护和直接接触保护更加可靠。

（三）漏电保护器

1. 漏电保护器的分类

按动作方式分为：电压动作型和电流动作型。

按动作机构分为：

（1）开关式：包括电磁式和半导体式；

（2）继电器式。

按动作灵敏度分为：

（1）高灵敏度：漏电动作电流在 30mA 以下；

（2）中灵敏度：30～1000mA；

（3）低灵敏度：1000mA 以上。

按动作时间分为：

（1）高速型：漏电动作时间小于 0.1s；

（2）延时型：动作时间在 0.1～2s 之间；

（3）反时限型：

① 额定漏电动作电流时为 0.2～1s；

② 1.4 倍额定漏电动作电流时为 0.1～0.5s;

③ 4.4 倍额定漏电动作电流时小于 0.05s。

漏电保护器是按其动作特性来选择的，因此对具体某台漏电保护器而言，灵敏度和动作速度不同，使用场合和作用也是不一样的。国外，如日本大致是这样分类，参见表 2-14。

电流动作型漏电保护器的动作特性及其选择   表 2-14

类 型	作 用	备 注
高灵敏度高速型	防止一般设备漏电而引起的触电事故; 在有水蒸气及潮湿的场所防止触电事故; 在设备接地效果不太好的地方防止触电事故防止漏电引起的火灾	动作电流 15mA 以下的适用于电动工具等移动式，单独设备的保护，适用于接地困难的场所; 动作电流为 15.30mA 的适用于分支回路的保护; 动作电流为 30mA 的适用于小规模住宅主回路的全面保护
中灵敏度高速型	容量较大设备回路的漏电保护在设备的电线穿管并将管子用作接地极时，防止漏电引起的触电事故; 防止漏电引起的火灾	提高设备接地保护的效果
中灵敏度延时型	设备回路的全面漏电保护与高速型漏电保护器配合，使漏电保护更加完善; 防止漏电引起的火灾	作为干线的全面保护; 为了防止触电事故，在分支回路里装设高灵敏度、高速型漏电保护器

注：本表选自日本漏电保护器的特性选择分类。

2. 电流动作型漏电保护器

(1) 电流动作型漏电保护器的工作原理

电流动作型漏电保护器有 4 极、3 极和 2 极三种。这三种漏电保护器均可用于三相四线制线路。

电流动作型漏电保护器的工作特性主要是由漏电检测元件——剩余电流互感器的特性来决定的。剩余电流互感器有一个环形铁芯，铁芯上绕有次级线圈，原级线圈就是穿过铁芯内孔的导线。结构上与电压互感器或电流互感器相似，但由于工作条件不同（主要是小信号工作），与它们是有区别的。

在正常用电时，如果三相用电是平衡的，其三相电流在互感器里产生的磁场正好互相抵消，这时零线上是没有电流的，即使三相用电不平衡，流过三相线路的不平衡电流和零线上的电流还是大小相等，方向相反，即剩余电流互感器原级线圈各导线电流相量和为零，此时铁芯中磁通和次级线圈中感应电动势均为零。当被保护电路中发生触电事故或不平衡漏电时，原级线圈中各导线电流相量之和不为零，此电流就是剩余电流 I_i。剩余电流在铁芯中产生交变磁通，在次级线圈中感应出电动势，电流经放大器放大至动作电流整定值时，脱扣器动作使主开关在小于 0.1s 的时间内切断电源，这样就起到了漏电和触电保护作用，如图 2-18 所示。

(2) 主要技术参数解释

① 额定漏电动作电流 $I_{\triangle m}$

规定当漏电电流等于或大于 $I_{\triangle m}$ 值时，漏电保护器必须动作的电流值。

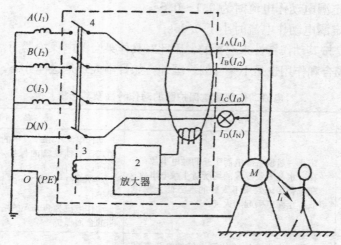

图 2-18　漏电保护器的工作原理
1—剩余电流互感器；2—放大器；3—脱扣线圈或脱扣器；4—主开关

② 额定漏电不动作电流 $I_{\triangle mo}$

规定漏电保护器在该漏电不动作电流值时不能动作，其优选值为 $I_{\triangle mo}=0.5I_{\triangle m}$

③ 额定漏电动作时间

漏电动作时间是指从突然施加漏电动作电流瞬时起，到被保护电路切断瞬时止的时间间隔。额定漏电动作时间是漏电保护器动作时间的额定值，即漏电保护器的动作时间必须小于或等于该额定值。

④ 额定接通分断能力

漏电保护器在规定的使用和性能条件下能够接通和在其分断时间内能够承受、能够分断的额定漏电电流值 $I_{\triangle n}$（额定漏电接通分断能力）以及额定短路电流值 I_m（额定短路接通分断能力）。

额定接通分断能力主要是考验短路条件下的工作性能，也就是考验产品触头的热效应和电动应力特性；考验检测传感器铁芯、互感器的剩磁和其平衡性，从中可以发现产品的质量问题。

⑤ 脉冲电压不动作型

在规定脉冲电压作用下不动作的漏电保护器。

规定脉冲电压由能产生正、负脉冲电压的发生器供给，规定脉冲电压波形参数为：

前沿时间 $t_1=1.2\mu s$，$\pm30\%$；

波值下降到 50% 峰值的时间 $t_2=50\mu s$，$\pm20\%$；

峰值 6000V，$\pm3\%$。

上述峰值电压为海拔 2000m 处脉冲电压试验的峰值。如试验不在海拔 2000m 处进行，还必须按表 2-15 的修正系数进行修正。

用它来衡量抗冲击波过电压或雷电干扰的能力。

⑥ 防溅型

防溅要求是指漏电保护器的外壳防护等级必须符合《低压电器外壳防护等级》GB 4942.2—85 中的 IP44 级要求，也就是必须能通过 10min 的淋雨试验。淋雨试验后还要能承受 1000V 耐压试验，各项动作特性仍能符合要求。

脉冲电压峰值的修正系数　　　　　　　　表 2-15

试验地点的海拔(m)	脉冲电压峰值的修正系数	试验地点的海拔(m)	脉冲电压峰值的修正系数
0	1.27	2000	1.00
500	1.19	3000	0.88
1000	1.13	4000	0.78

3. 漏电保护器的选用

漏电保护器主要是对可能致命的触电事故进行保护，也能防止火灾事故的发生，因此要依据不同的使用目的和安装场所来选用漏电保护器。漏电保护器的选用主要是选择其特性参数。如前所述，触电程度是和通过人体的电流值有关的，人体对通过的电流大小承受能力是不一样的，而且因人的体质、体重、性别及健康状况差异而有所不同。通过人体工频电流时危害最大，人体对电击承受能力可参考表 2-16 和表 2-17。

人体对触电的承受能力(Ⅰ)　　　　　　　　表 2-16

感觉电流(mA) 对触电的承受能力	交流 60Hz	
	男　子	女　子
最小感觉电流，少许有些针刺状感觉	1.10	0.7
感觉振额但没有痛苦，肌肉能自由动作	1.8	1.2
感觉振额且有痛苦，但肌肉能自由动作	9.0	6.0
感觉振额且有痛苦，达到能脱离的临界值	16.0	10.5
严重振额且有痛苦，肌肉僵直，呼吸困难	23.0	15.0

人体对触电的承受能力(Ⅱ)　　　　　　　　表 2-17

感觉电流(mA) 对触电的承受能力	交流 50Hz
刚有感觉	1
感到相当痛	5
痛得不能忍受	10
肌肉会发生激烈收缩，并且受害者不能自行摆脱	20
相当危险	50
会引起致命的后果	100

电击的强度和人体对电击的承受能力除了和通过人体的电流值有关外，还与电流在人体中持续的时间有关。1966 年联邦德国的克彭提出在工频下把通过人体的电流(mA)与电流在人体中持续时间(s)的乘积为 50 作为安全界线，即 $I \cdot T = 50\text{mA} \cdot \text{s}$，后来国际上也承认这个观点，并提出还应考虑一个安全系数。即应使

$$I \cdot T = 30\text{mA} \cdot \text{s}$$

为安全界限值，可以看出，即使电流达到 100mA，只要漏电保护器在 0.3s 之内动作并切断电源，人体尚不会引起致命的危险。这个值也成为漏电保护器产品设计的依据，作为间

接接触电和直接接触电保护的依据。应当指出，当人体和带电导体直接接触时，在漏电保护器动作切断电源之前，通过人体的触电电流与所选择的漏电保护器的动作电流无关，它完全由人体的触电电压和人体在触电时的人体电阻（主要取决于接触状态）所决定。因此IEC 标准和我国的 GB 6829—86 标准要求在 250mA 电流通过漏电保护器时其分断时间必须小于 0.04s，也就是说要求用于直接接触或作为人身安全保护的漏电保护器必须是高速型的。

选择漏电保护器的动作特性，应根据电气设备的不同的使用环境，选取合适的漏电动作电流。

《施工现场临时用电安全技术规范》规定，使用电动建筑机械和手持电动工具时应遵循下述原则：

一般场所，即室内的干燥场所必须使用动作电流小于 30mA 的漏电保护器。

可能会受到雨水影响的露天、潮湿或充满蒸气的场所，因为人体容易沾湿或出汗，人体电阻明显下降，危险性比干燥的场所大，故必须使用防溅型的、动作电流小于 15mA 的漏电保护器。

双重绝缘的移动式电气设备，由于使用在露天、潮湿场所，且带有一段需经常移动位置的电缆，操作人员在使用这些用电设备时，又往往难于避免接触这部分电缆。为了防止因电缆绝缘损坏或用电设备受雨水、凝露影响而发展成为触电事故，也必须使用防溅型的、动作电流小于 15mA 的漏电保护器。

操作人员在铁板、构架、基座等金属物体上和金属管道、锅炉内工作，由于人体大部分要和导电性物体相接触，极容易发生触电事故，因此要求使用安全低电压的用电设备。如使用 II 类手持电动工具也必须装设动作电流小于 15mA 的漏电保护器。

以上环境使用的漏电保护器均为高速动作型的，即动作时间应小于 0.1s。

从安全角度考虑问题，漏电保护器的动作电流选择的越小越好。但是，由于配电线路和用电设备总是存在正常的对地绝缘电阻和对地分布电容，因此，在正常工作情况下，也会有一定的漏电电流，它的大小取决于配线长度、设备容量、导线布置情况，以及它们的绝缘水平和环境条件等。如果漏电保护器的动作电流小于配电线路和用电设备的总泄漏电流，则会造成经常性的误动作，并破坏供电的可靠性。所以，漏电保护器的漏电不动作电流值应大于供电线路和用电设备的总泄漏电流值。

分支电路中使用的漏电保护器，选用的动作电流应大于正常运行中实测泄漏电流的 2.5 倍。同时还应满足大于其中泄漏电流最大一台用电设备的实测漏电电流值的 4 倍。

主干线或用来进行线路总保护的漏电保护器，选用的动作电流应大于实测泄漏电流的 2 倍。

因此正确测定或估计泄漏电流是选择总电源和分支电路漏电保护器灵敏度的依据。

如上所选的漏电保护器其动作特性应是延时型或反时限型的。

电路末端必须安装漏电动作电流小于 30mA 的高速动作型漏电保护器。这与欧美国家低压电网的漏电保护方式是一致的。同时，也规定了总配电箱处装设漏电保护器，拟排除架空线断落或受用电机械伤害线路造成的接地故障事故。

实行分段保护，形成最少二级的漏电保护网对施工现场临时用电的安全是有效益的。

4. 漏电保护器的安装和维护

（1）安装

漏电保护器的正确接线方法可参见《施工现场临时用电安全技术规范》JGJ 46—2005，如表2-18所示。

漏电保护器的接线方法　　　　　　　　　　　　　　　　　　　　　表 2-18

相线别	2极	3极	4极
单相二线 220V			
三相三线 380V	Y接法		
三相四线 220V/ 380V	接零保护		
	接地保护		

注：D—漏电保护器。

安装注意事项：

① 漏电保护器有4极、3极和2极三种，要根据供电方式和电源电压按表2-18进行接线，接线时需分清相线极和零线极。

② 安装前必须检查漏电保护器的额定电压、额定电流、短路通断能力、漏电动作电流和漏电动作时间是否符合要求。

③ 漏电保护器有负载侧和电源侧之分时，绝大多数为电子式漏电保护器。安装接线时不能反接。电磁式漏电保护器的进出线反接可能影响其接通分断能力，所以也应按要求

接线。

④ 带有短路保护的漏电保护器，在分断短路电流时，位于电源侧的排气孔往往有电弧喷出，故应在安装时保证电弧喷出方向有足够的飞弧距离。

⑤ 漏电保护器的安装应尽量远离其他铁磁体和电流很大的载流导体。

⑥ 施工现场使用的漏电保护器必须装在具有防雨措施的配电箱、开关箱里或采用防溅型漏电保护器。

⑦ 漏电保护器在安装前，有条件的单位最好进行动作特性参数测试，安装后投入使用前应操作试验按钮，检验动作功能是否正常，正常后方可使用，使用过程中也要每月检验一次，以保证其始终能可靠地运行。

（2）接线

当前，建筑施工现场的低压配电系统，多采用三相四线制中性点接地、工作零线和保证零线合用的 TN-C 系统。根据漏电保护器多年使用经验表明，由于受该系统的限制，接线方法不正确会造成漏电保护器误动作或不动作。《施工现场临时用电安全技术规范》JGJ 46—2005 规定采用的 TN-S 配电系统，则能够克服漏电保护器误动作的缺点。

不论低压配电接零系统采用何种方式，均应注意以下几点：

① 要严格注意零线的接法。正确的接法是工作零线一定要穿过剩余电流互感器，保护零线决不能穿过剩余电流互感器，如图 2-19(b)所示。否则如图 2-19(a)所示，当用电设备发生绝缘损坏故障时，故障电流经保护零线到工作零线，和工作电流一起穿过剩余电流互感器，这时剩余电流互感器检测不出故障电流，因此漏电保护器不能动作。

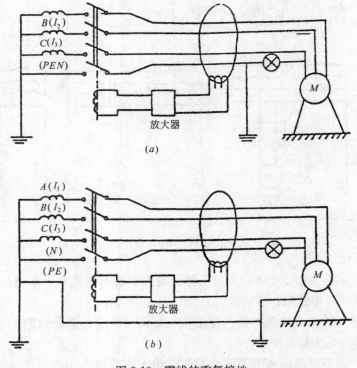

图 2-19　零线的重复接地
(a)错误；(b)正确

② 漏电保护器后面的工作零线不能重复接地。TN-C 配电系统一般除中性点处接地外，还应在零线的末端或设备的外壳上作重复接地。如果该系统装设了漏电保护器，由于工作零线与保护零线合用，当系统中的三相负荷不平衡时，不平衡电流将经过零线返回电源中性点。若零线重复接地，将会有相当于漏电的分流电流 I_i，经大地返回电源中性点，这对剩余电流互感器而言，破坏了其内部的电流平衡状态，互感器的次级线圈就会有电信号输出，当 I_i 值大于或等于该漏电保护器的额定漏电动作电流值时，漏电保护器便产生误动作，如图 2-20(a) 所示，因此 TN-C 系统，漏电保护器后面的工作零线也不能重复接地。

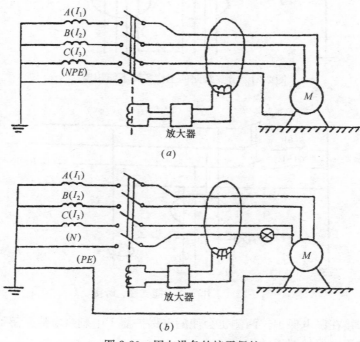

图 2-20　用电设备的接零保护

(a)错误；(b)正确

正确的接线如图 2-20(b) 所示，它实际上是将 TN-S 系统的专用保护零线重复接地，所以不会影响漏电保护器的正常工作。

③ 采用分级漏电保护系统和分支漏电保护的线路，每一分支线路必须有自己的工作零线；下一级漏电保护器的额定漏电动作电流值必须小于上一级漏电保护器的额定漏电动作电流值，否则会造成上一级漏电保护器的误动作。

相邻分支线路的工作零线不能相连，也就是说漏电保护器后面的工作零线上不能有分流电流。否则，如同②中的情况，会造成该级漏电保护器误动作，如图 2-21 所示，若将 N_1 与 N_2 连接起来，则分支线路 1 和 2 均会有对方分流电流流过。此电流将导致漏电保护器 1 和 2 的剩余电流互感器内的电流平衡的破坏，当分流电流值大于或等于漏电保护器的额定漏电动作电流值时，漏电保护器就将误动作。

④ 工作零线不能就近支接，单相负荷不能在漏电保护器两端跨接。如图 2-22 所示，为一分支线路 1 和照明线路 2。照明线路 2 的零线距中性线 N 过远，若就近支接分支线路 1 漏电保护器后面的工作零线，则照明线路 2 中的电流经 N_1 线返回电源中性线，造成分

77

支线路 1 上漏电保护器的剩余电流互感器内部电流不平衡，当不平衡电流值大于或等于支路 1 漏电保护器的额定漏电动作电流值时，漏电保护器就误动作。

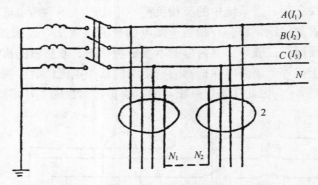

图 2-21　分支线路的工作零线不能相连

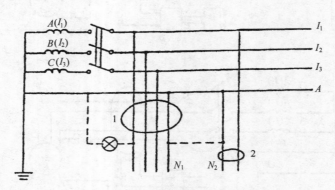

图 2-22　工作零线不能支接、跨接

单相负荷跨接在漏电保护器两侧也会使漏电保护器 1 中剩余电流互感器内部的电流或磁通不平衡，使漏电保护器误动作。

漏电保护在隔离变压器系统中不起保护作用，因为隔离变压器后的线路形成了非接地系统。

（3）维护

漏电保护器是涉及人身安全的电器产品，因此使用时要严格选用通过部级、省级以上鉴定的产品；要选用技术先进，质量可靠的产品。有条件时还应对其动作特性参数进行测试。在使用过程中应定期检测，及时将达不到要求的漏电保护器换下来，并做好漏电保护器的运行和检查记录。发现问题及时处理，对常见的小故障要有专业人员维修，大的故障应送生产厂维修。

漏电保护器经维修后应进行下述项目的检查。

① 检查漏电保护器的拨动开关机构是否灵活，有否卡住和滑扣现象，即需保证开关机构的机械动作性能良好。

② 检查绝缘电阻。一般的漏电保护器需在进、出线端子间，各接线端子与外壳间、接线端子之间进行绝缘电阻测量（注意电子式漏电保护器不能在相邻端子间作绝缘电阻测量），其绝缘电阻阻值应不低于 1.5MΩ。

③ 漏电保护性能检查。在带电状态下，简便的检查方法是按动漏电保护器的试验按钮，如开关机构迅速灵敏地跳闸，则该保护器工作正常。正在运行的漏电保护器，最好能在线检测其漏电保护器的动作特性（有数值量的概念），从而可以判断该漏电保护器工作是否可靠，有否故障。当前一种用于施工现场的漏电保护器性能综合测试仪正在研制中。如果漏电保护器在使用过程中频繁动作，而配电系统无异常现象，则有可能是漏电保护器的漏电动作灵敏度选择不当；也有可能漏电保护器本身存在故障。

漏电保护器的动作或误动作均应检查其原因，只有在找出原因，排除故障后，漏电保护器才能重新合闸使用。

漏电保护器是否有故障，可通过上面所说的利用漏电保护器的试验按钮检查；或外接接地的电阻模拟漏电；或使用漏电保护器动作参数测试仪来判别。

低压配电线路或负载的接地故障可通过逐步接入各分支线路的方法来判别。可先看漏电保护器是否动作，若漏电保护器动作，则说明该支路有故障，否则是正常的。其次，可通过测量漏电流来判断各分支线路是否有故障。

第三章　园林机械及其安全管理

第一节　园林工程机械

一、土方机械

在造园施工中，无论是挖池或堆山或建筑或种植或铺路以及埋砌管道等，都包括数量既大又费力的土方工程。因此，采用机械施工、配备各种型号的土方机械、并配合运输和装载机械施工，可进行土方的挖、运、填、夯、压实、平整等工作，不但可以使工程达到设计要求，提高质量，缩短工期，降低成本，还可以减轻笨重的体力劳动，多、快、好、省地完成施工任务。现就推土机、铲运机、平地机、挖掘装载机和夯土机等土方机械进行介绍。

（一）推土机

图 3-1 是 T_2-60 型和上海-120 型推土机的外形与构造示意图。推土机是土石方工程施

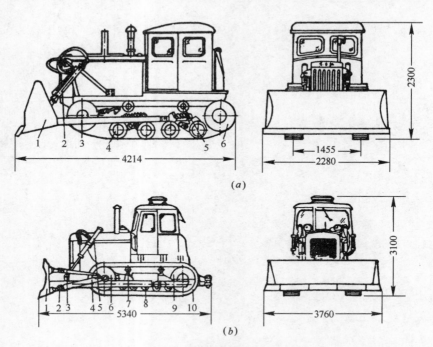

图 3-1　推土机构造示意图

(a)T_2-60 型推土机的外形和构造示意

1—推土刀；2—液压油缸；3—引导轮；4—支重轮；5—托带轮；6—驱动轮

(b)上海-120 型推土机构造示意

1— 推土刀；2—下撑臂；3—上撑臂；4—"Ⅱ"形架；5—液压油缸；

6—引导轮；7—托带轮；8—支重轮；9—驱动轮；10—履带轮

表 3-1

推土机主要技术数据和工作性能

型号		T₂-60	T₁-50	T₁-100 T₂-80 T₃-80 T₃-100	移山-80	Dy₂-100	T₂-120A	T₂-120	征山-160	黄河-180	T-180	上海-240
(新 / 旧)		东方红-60	东方红-54			T₂-100		上海-120		T₄-180		
推土装置 刀片宽	mm	2280	2280	3030	3100	3800	3910	3760	3900	4170	4200	
刀片高	mm	788	780	1100	1100	860	1000	1000	1240	1100	1100	
最大提升量	mm	625	600	900	850	800	940	1000			1260	
最大切入深度	mm	290	150	180		650	300	300	350	450	530	
刀刃切角	度	55	60	55,60,65	54.60	53-62	53	46-72		55	65	
水平回转角	度					25	25	25	25	25		左600,右1000
垂直回转量	mm					300	600	300				
重量	kg		580	1680			2280	2500			3000	
技术性能 爬坡能力	度			30	30	30	30	30	30	30	30	30
额定牵引力	kg	3600		9000	9900	9000	11760					30000
接地压力	kg/cm²			0.63	0.63	0.68	0.63	0.65	0.68	0.60	0.71	0.77 0.88
总重量	kg	5900	6300	13430	14886	16000	17425	16200	20000	20000	21000	28000 32000
生产率	m³/h	28	28	45	40-80	75-80	80					
操纵方式		液压	液压	机械	机械	液压	液压	液压	液压	液压		
外形尺寸 长	mm	4214	4314	5000	5260	6900（带松土机）	5515	5340	5980	5810	5980	
宽	mm	2280	2280	3030	3100	3810	3910	3760	3926	4050	4200	
高	mm	2300	2300	2992	3050	2992	2770	3100	2904	3138	3060	
发动机 型号		4125A	4125	4164T	4164T	4164T	6135K-3	6135K-2	6135B 6135Q-1	6135-B 4160T 8V130	8V130	12V135AK
功率	kW	44	40	66	66	66	103	88	132 119	132 130 132	132	
起动机 型号		AK-10	AK-10	292	292	292	ST614	ST110	ST110 ST613	ST1100	ST110	
功率	kW	7.35	7.35	12.5	12.5	12.5	5.2	8	8 7.35	8	8	22

工中的主要机械之一，它由拖拉机与推土工作装置两部分组成。其行走方式，有履带式和轮胎式两种，传动系统主要采用机械传动和液力机械传动，工作装置的操纵方法分液压操纵与机械操纵。推土机具有操纵灵活、运转方便、工作面较小、既可挖土又可作较短距离（100mm 以内，一般 30～60m)运送、行驶速度较快、易于转移等优点。适用于场地平整、开沟挖池、堆山筑路、叠堤坝修梯台、回填管沟、推运碎石、松碎硬土及杂土等。根据需要，也可配置多种作业装置，如松土器可以破碎三四级土壤；除根器，可以拔除直径在 450mm 以下的树根，并能清除直径在 400～2500mm 的石块；除茎器，可以切断直径 300mm 以下的树木。推土机的工作距离在 50m 以内，其经济效果最好。推土机主要技术数据和工作性能见表 3-1。

（二）铲运机

铲运机在土方工程中主要用来铲土、运土、铺土、平整和卸土等工作。它本身能综合完成铲、装、运、卸四个工序，能控制填土铺撒厚度，并通过自身行驶对卸下的土壤起初步的压实作用。铲运机对运行的道路要求较低，适应性强，投入使用准备工作简单。具有操纵灵活、转移方便与行驶速度较快等优点。因此适用范围较广。如筑路、挖湖、堆山、平整场地等均可使用。

铲运机按其行走方式分，有拖式铲运机和自行式铲运机两种；按铲斗的操纵方式区分，有机械操纵（钢丝绳操纵）和液压操纵两种。

拖式铲运机，由履带拖拉机牵引，并使用装在拖拉机上的动力绞盘或液压系统对铲运机进行操纵，目前普遍使用的铲斗容量有 $2.5m^3$ 和 $6m^3$ 两种。图 3-2 系 C_6-2.5 型铲运机，它的斗容量平装为 $2.5m^3$，尖装为 $3m^3$。需用 40～55kW 的履带式拖拉机牵引，并使用拖拉机上的液压系统实行操纵，它具有强制切土和机动灵活等特点。这种铲运机一般适用于运距在 50～150m 范围内零星和小型的土方工程，也适合于开挖 1～2 级土壤。在开挖 3 级以上土壤时，应预先进行疏松。

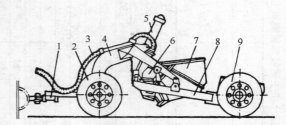

图 3-2 C_6-2.5 型铲运机

1—拖把；2—前轮；3—油管；4—辕架；5—工作油缸；
6—斗门；7—铲斗；8—机架；9—后轮

C_5-6 型拖式铲运机构造见图 3-3。C_5-6 型拖式铲运机的斗容量，平装为 $6m^3$，尖装为 $8m^3$。需用 58.8～73.5kW 的履带式拖拉机牵引。利用装在拖拉机上的绞盘钢丝绳操纵。这种铲运机一般用于远距离在 80～500m 范围内的大面积施工场地，适于开挖 1、2 级土

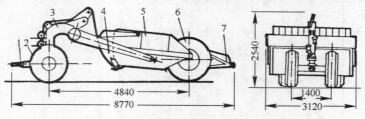

图 3-3 C_5-6 型铲运机的构造

1—拖把；2—前轮；3—辕架；4—斗门；5—铲斗；6—后轮；7—尾架

壤，当开挖 3 级以上土壤时，应先进行疏松或采用推土机助铲。

自行式铲运机由牵引车和铲运斗两部分组成。目前普遍使用的斗容量有 6m³ 和 7m³ 两种。

C₄-7 型自行式铲运机由单轴牵引车和铲运斗两部分组成，其构造见图 3-4 。适用于开挖 1～3 级土壤、运距在 800～3500m 的大型土方工程。如运距在 800～1500m 时，3 台铲运机可配一台 58.8～73.5kW 履带式推土机或 117.6kW 轮胎式推土机助铲。如运距在 1500～3500m 时，5 台铲运机可配一台推土机助铲。

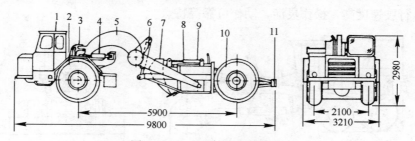

图 3-4 C₄-7 型铲运机的构造

1—驾驶室；2—前轮；3—中央抠架；4—转向油缸；5—辕架；6—提斗油缸；

7—斗门；8—铲斗；9—斗门油缸；10—后轮；11—尾架

铲运机的主要技术规格见表 3-2。

铲运机的主要技术规格 表 3-2

型 号			新	C₄-7	C₃-6	C₅-6	C₆-2.5
			旧	CL-7	C-8	C₃-6	C₄-3A
技术性能	铲土装置	铲刀宽	mm	2700	2600	2600	1900
		切土深度		300	300	300	150
		铺土厚度		400	380	380	
		铲土角度	度		30	30	35～38
		斗容量 平装	m³	7	6	6	2.5
		斗容量 堆装		9	8	8	2.75～3
	爬坡能力		度	20			
	最小转弯半径		m	6.7		3.75	2.7
	重量	空车	kg	15000	14000	7300	1896
		重车		28000	25500	17000～19000	6396
	生 产 率		m³/h	二级土 400m 运距 58			二级土 100m 运距 22～28
	操 纵 方 式			液 压	机 械	机 械	液 压
	牵 引 机 械		kW	117.6 牵引车	88 牵引车	73.5 拖拉机	44 拖拉机
	外形尺寸	长	mm	9800	10182	8770	5600
		宽		3210	3130	3120	2430
		高		2980	3020	2540	2400

（三）平地机

在土方工程施工中，平地机主要用来平整路面和大型场地。还可以用来铲土、运土、挖沟渠、刮坡、拌合砂石、水泥材料等作业。装有松土器，可用于疏松硬实土壤及清除石块。也可加装推土装置，用以代替推土机的各种作业。

平地机有自行式和拖式之分。自行式平地机工作时依靠自身的动力设备，拖式平地机工作时要由履带式拖拉机牵引。图 3-5 是 P_4-160 型平地机的构造。该机具有牵引力大，通过性好，行驶速度高，操作灵活，动作可靠等特点。

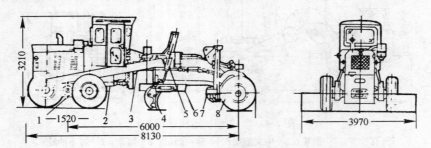

图 3-5　P_4-160 型平地机的构造

1—平衡箱；2—传动轴；3—车架；4—刮土刀；5—刮土刀升降油缸；
6—刮土刀回转盘；7—松土器；8—前轮

目前生产的主要平地机类型及其主要技术规格性能如表 3-3。

平地机主要技术规格　　　　　　　　　　　　表 3-3

		型　　号	新	P_4-160	P_3-90
			旧	P-160	P_1-90
技术性能	刮土装置	刀　片　宽		3970	3700
		刀　片　高		635	540
		最大提升量	mm	350	400
		最大切土深度		530	200
		侧伸距离		2830	380～660
		水平铲回转角（卸去松土器后）	度	360	360
		垂直倾斜角		90	70
		切　土　角		45～70	28～69
	爬　坡　能　力			20	
	最小转弯半径		m	10.6	13
	总重量（包括松土器）		kg	15200	14050
	生　产　率		m³/h	＞50	40～50
操　作　方　式				液　压	机　械
外　形　尺　寸	长		mm	8130	8200
	宽			2605	2460
	高			3210	3200

型 号			新	P₄-160	P₃-90
			旧	P-160	P₁-90
发动机		型 号		6120Q1	4146T
		功 率	kW	118	66
		转 速	r/min	20000	1050
		最大扭矩	kg·m/转·分	62/1300～1400	75
	起动机	型 号		ST614	292
		功 率	kW	5.2	12.5
松土器	技术性能	提升高度	mm	325	200
		疏松深度		170	200
		疏松宽度		1205	1220
		齿 距		150.6	307.7
		齿 数	个	9	5
推土板	技术性	刀片宽	mm	2700	
		刀片高		1010	
		最大提升量		350	
		最大切土深度		54	

（四）液压挖掘装载机

DY₄-55 型液压挖掘装载机的构造及外形尺寸见图 3-6。

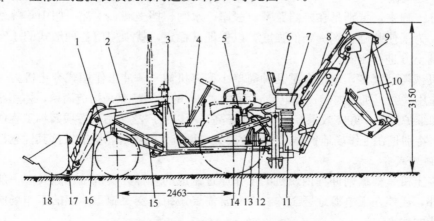

图 3-6　DY₄-55 型液压挖掘装载机构造及外形尺寸

1—前桥；2—发动机；3—连接梁架；4—管路；5—后四阀分配器；6—座椅；7—单片液压马达；
8—动臂半柄铲斗油缸；9—斗柄；10—反铲斗；11—回转机构；12—悬架；13—齿轮油泵；
14—增速器；15、16—提升臂油缸；17—转斗油缸；18—装载铲斗

DY₄-55 型液压挖掘装载机系在铁牛-55 型轮式拖拉机上配装各种不同性能的工作装置而成的施工机械。它的最大特点是一机多用，提高机械的使用率。整机结构紧凑，机动灵活操纵方便，各种工作装置易于更换。

这种机械带有反铲、装载、起重、推土、松土等多种工作装置，用以完成中、小型土方开挖，散状材料的装卸、重物吊装、场地平整、小土方回填、松碎硬土等作业，尤其适应园林建设的特点。

DY₄-55 型液压挖掘装载机的主要技术规格见表 3-4。

DY$_4$-55 型液压挖掘装载机　　　　　　　　　　　　表 3-4

项　　目	单位	性能数据	项　　目		单位	性能数据
装载斗　斗 容 量	m³	0.6	推土装置　刀片宽度		m	2.2
额定提升力	kg	1000	最大入土深度		mm	60
最大卸料高度	m	2.47	最大推力		t	3.5
最大卸料高度时的最大卸料角度	度	60	起重装置　最大起重量		t	1
挖掘铲斗　斗 容 量	m³	0.2	最大起吊高度			4
最大挖掘深度		4	吊钩中心线至拖拉机前轮中心线间最大距离		m	2.732
最大挖掘半径		5.17	行 走 速 度　前 进		km/h	1.73～22.3
最大卸料高度	m	3.18	后 退			1.03～4.74
最大卸料高度时的卸料半径		3.505	发动机　型　号			4115T
			功　率		kW	40
最大回转角度	度	180	转　速		r/min	1500
操 纵 方 式		机械、液压	整 机 重 量		t	5.8

二、压实机械

在园林工程中，特别是在园路路基、驳岸、水闸、挡土墙、水池、假山等等基础的施工过程中，为了使基础达到一定的强度，以保证其稳定，就须使用各种形式的压实机械把新筑的基础土方进行压实。

压实机械类型繁多，现仅介绍几种简单小型夯机械——冲击作用式夯土机。

冲击作用式夯土机有内燃式和电动式两种。它们的共同特点是构造简单，体积小，重量轻，操作和维护简便，夯实效果好，生产效率高，所以可广泛使用于各项园林工程的土壤夯实工作中。特别是在工作场地狭小，无法使用大中型机具的场合，更能发挥其优越性。

（一）内燃式夯土机

内燃夯土机是根据两冲程内燃机的工作原理制成的一种夯实机械。除具有一般夯实机械的优点外，还能在无电源地区工作。在经常需要短距离变更施工地点的工作场所，更能发挥其独特的优点。

内燃式夯土机主要由气缸头、气缸套、活塞、卡圈、锁片、连杆、夯足、法兰盘、内部弹簧、密封圈、夯锤、拉杆等部分组成见图 3-7 所示。

内燃式夯土机主要技术数据和工作性能，见表 3-5。

内燃式夯土机安全使用要点：

（1）当夯机需要更换工作场地时，可将保险手柄旋上，装上专用两轮运输车运送。

（2）夯机应按规定的汽油机燃油比例加油。加油后应擦净漏在机身上的燃油，以免碰到火种而发生火灾。

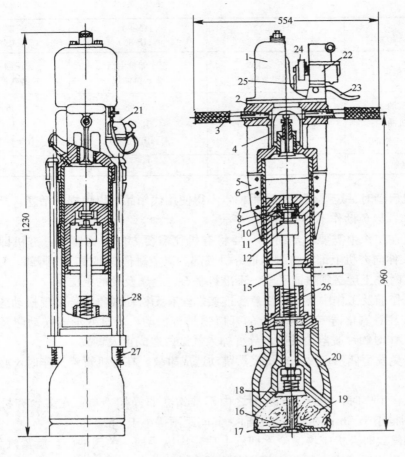

图 3-7　HN-80 型内燃式夯土机外形尺寸和构造

1—油箱；2—气缸盖；3—手柄；4—气门导杆；5—散热片；6—气缸套；7—活塞；8—阀片；

9—上阀门；10—下阀门；11—锁片；12、13—卡圈；14—夯锤衬套；15—连杆；16—夯底座；

17—夯板；18—夯上座；19—夯足；20—夯锤；21—汽化器；22—磁电机；23—操纵手柄；

24—转盘；25—连杆；26—内部弹簧；27—拉杆弹簧；28—拉杆

内燃夯土机主要技术数据和工作性能

表 3-5

机　　型	HN-60 （HB-60）	HN-80 （HB-80）	HZ-120 （HB-120）
机重（kg）	60	85	120
外形尺寸（mm） 机高 机宽 手柄高	1228 720 315	1230 554 960	1180 410 950
夯板面积（m²）	0.0825	0.42	0.0551
夯击力（kg）	4000		
夯击次数（次/min）	600～700	60	60～70
跳起高度（mm）		600～700	300～500
生产率（m²/h）	64	55～83	

机　　型	HN-60 (HB-60)	HN-80 (HB-80)	HZ-120 (HB-120)
动力设备夯机型号	IE50F2.2kW 汽油机改装	无压缩自由活 塞式汽油机	无压缩自由活 塞式汽油机
燃料　汽油 　　　机油 混合比汽油：机油	20：1	66 号 15 号 16：1	66 号 15 号 16：1～20：1
油箱容量(1)	2.6	1.7	2

（3）夯机启动时一定要使用启动手柄，不得使用代用品，以免损伤活塞。严禁一人启动另一人操作，以免动作不协调而发生事故。

（4）夯机在工作中需要移动时，只要将夯机往需要方向略为倾斜，夯机即可自行移动。切忌将头伸向夯机上部或将脚靠近夯机底部，以免碰伤头部或碰伤脚部。

（5）夯实时夯土层必须摊铺平整。不准打坚石、金属及硬的土层。

（6）在工作前及工作中要随时注意各连接螺丝有无松动现象，若发现松动应立即停机拧紧。特别应注意汽化器气门导杆上的开口锁是否松动，若已变形或松动应及时更换新的，否则在工作时锁片脱落会使气门导杆掉入气缸内造成重大事故。

（7）为避免发生偶然点火、夯机突然跳动造成事故，在夯机暂停工作时，必须旋上保险手柄。

（8）夯机在工作时，靠近 1m 范围之内不准站立非操作人员；在多台夯机并列工作时，其间距不得小于 1m；在串联工作时，其间距不得小于 3m。

（9）长期停放时夯机应将保险手柄旋上顶住操纵手柄，关闭油门，旋紧汽化器顶针，将夯机擦净，套上防雨套，装上专用两轮车推到存放处，并应在停放前对夯机进行全面保养。

（二）电动式夯土机

1. 蛙式夯土机

蛙式夯土机是我国在开展群众性的技术革命运动中创造的一种独特的夯实机械。它适用于水景、道路、假山、建筑等工程的土方夯实及场地平整；对施工中槽宽 500mm 以上，长 3m 以上的基础、基坑、灰土进行夯实；以及进行较大面积的填方及一般洒水回填土的夯实工作等。

蛙式夯土机主要由夯头、夯架、传动轴、底盘、手把及电动机等部分组成，见图 3-8。

蛙式夯土机的主要技术数据和工作性能，见表 3-6。

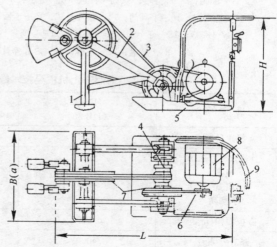

图 3-8　蛙形夯土机外形尺寸和构造示意
1—夯头；2—夯架；3、6—三角胶带；4—传动轴；
5—底盘；7—三角胶带轮；8—电动机；9—手把

机　型	HW-20	HW-20A	HW-25	HW-60	HW-70
机重(kg)	125	130	151	280	110
夯头总重(kg)				124.5	
偏心块重(kg)		23±0.005		38	
夯板尺寸　长(a)(mm)	500	500	500	650	500
夯板尺寸　宽(b)(mm)	90	80	110	120	80
夯击次数(次/min)	140~150	140~142	145~156	140~150	140~145
跳起高度(mm)	145	100~170		200~260	150
前进速度(m/min)	8~10			8~13	
最小转弯半径(mm)				800	
冲击能量(kg·m)	20		20~25	62	68
生产率(m³/台班)	100		100~120	200	50
外形尺寸　长(L)(mm)	1006	1000	1560	1283.1	1121
外形尺寸　宽(B)(mm)	500	500	520	650	650
外形尺寸　高(H)(mm)	900	850	900	748	850
电动机　型号	YQ22-4	YQ32-4 或 YQ2-21-4	YQ2-224	YQ42-4	YQ32-4
电动机　功率(kW)	1.5	1 或 1.1	1.5~2.2	2.8	1
电动机　转数(r/min)	1420	1421	1420	1430	1420

蛙式夯土机的安全使用要点：

(1) 安装后各传动部分应保持转动灵活，间隙适合，不宜过紧或过松。

(2) 安装后各紧固螺栓和螺母要严格检查其紧固情况，保证牢固可靠。

(3) 在安装电器的同时必须安置接地线。

(4) 开关电门处管的内壁应填以绝缘物。在电动机的接线穿入手把的入口处，应套绝缘管，以防电线磨损漏电。

(5) 操作前应检查电路是否合乎要求，地线是否接好。各部件是否正常，尤其要注意偏心块和皮带轮是否牢靠。然后进行试运转，待运转正常后才能开始作业。

(6) 操作和传递导线人员都要带绝缘手套和穿绝缘胶鞋以防触电。

(7) 夯机在作业中需穿线时，应停机将电缆线移至夯机后面，禁止在夯机行驶的前方，隔机扔电线。电线不得扭结。

(8) 夯机作业时不得打冰土、坚石和混有砖石碎块的杂土以及一边硬的填土。同时应注意地下建筑物，以免触及夯板造成事故。在边坡作业时应注意坡度，防止翻倒。

(9) 夯机前进方向不准站立非操作人员。两机并列工作的间距不得小于 5m，串列工作的间距不得小于 10m。

(10) 作业时电缆线不得张拉过紧，应保证 3~4m 的松余量。递线人应依照夯实线路随时调整电缆线，以免发生缠绕与扯断的危险。

(11) 工作完毕之后，应切断电源，卷好电缆线，如有破损处应用胶布包好。

(12) 长期不用时，应进行一次全面检修保养，并应存放在通风干燥的室内，机下应垫好垫木，以防机件和电器潮湿损坏。

2. 电动振动式夯土机

HZ-380A 型电动振动式夯土机是一种平板自行式振动夯实机械。适用于含水量小于12％和非黏土的各种砂质土壤、砾石及碎石和建筑工程中的地基、水池的基础及道路工程中铺设小型路面，修补路面及路基等工程的压实工作。其外形尺寸和构造，见图 3-9 所示。它以电动机为动力，经二级三角皮带减速，驱动振动体内的偏心转子高速旋转，产生惯性力使机器发生振动，以达到夯实土壤之目的。

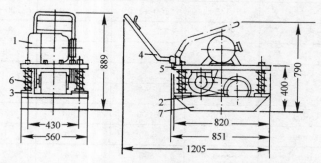

图 3-9　HZ-380A 型电动振动式夯土机外形尺寸和构造示意

1—电动机；2—传动胶带；3—振动体；4—手把；5—支撑板；6—弹簧；7—夯板

振动式夯土机具有结构简单、操作方便、生产率和密实度高等特点，密实度能达到0.85～0.90，可与 10t 静作用压路机密实度相比。其技术数据和工作性能见表 3-7。使用要点可参照蛙式夯土机有关要求进行。在无电的施工区，还可用内燃机代替电动机作动力。这样使得振动式夯土机能在更大范围内得到应用。

电动振动式夯土机的主要技术数据和工作性能　　　　　　　　表 3-7

机　　型		HZ-380A 型
机重(kg)		380
夯板面积(m²)		0.28
振动频率(次/min)		1100～1200
前行速度(m/min)		10～16
振动影响深度(mm)		300
振动后土壤密实度		0.85～0.9
压实效果		相当于十几吨静作用压路机
生产率(m²/min)		3.36
配套电动机	型　　号	$YQ_2$32-2
	功率(kW)	4
	转速(r/min)	2870

三、混凝土机械

按照混凝土施工工艺的需要，混凝土机械有搅拌机械、输送机械、成型机械三类。这里仅介绍成型机械中的振动器。

（一）外部振动器

外部振动器是在混凝土的外表面施加振动，而使混凝土得到捣实。它可以安装在模板上，作为"附着式"振动器；也可以安装在木质或铁质底板下，作为移动的"平板式"振动器，除可用于振捣混凝土外，还可夯实土壤。由于机器所产生的振动作用，使受振的面层密实，提高强度。对于混凝土基础面层和一般混凝土构件的表面振实工作均能适应，并可装于各种振动台和其他振动设备上，作为发生振动的机械。浇灌混凝土时应用它，能节约水泥 10%～15%，并且提高劳动生产率，缩短混凝土浇灌工程的周期。

各种外部振动器的构造基本相同，所不同的是有些振动器为便于散热，机壳铸有环状或条状凸肋；为减轻轴承负荷，当振动力较大时，有的振动器在端盖上增加两个轴承。现重点介绍 HZ$_2$-5 型外部振动器，其结构，如图 3-10 所示。它是特制铸铝外壳的三相二级工频电机，在电动机转子轴 6 的两个伸出端，各固定一个偏心轮 3，偏心部分用端盖 8 封闭。端盖与轴承座 1，外壳 14 用三只长螺栓 7 紧固，以便于维修。外壳上有四个地脚螺栓孔 15，使用时用地脚螺栓将振动器固定到模板或平板上。

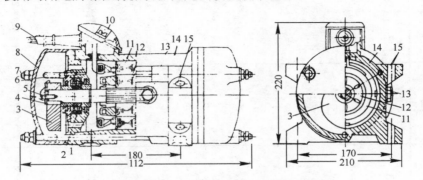

图 3-10　HZ$_2$-5 型外部振动器结构示意

1—轴承座；2—轴承；3—偏心轮；4—键；5—螺钉；6—转子轴；7—长螺栓；8—端盖；9—电源线；10—接线盒；11—定子；12—转子；13—定子紧固螺钉；14—外壳；15—地脚螺栓孔

外部振动器的技术数据见表 3-8。

外部振动器使用时，应注意以下几点：

（1）外部振动器因设计时不考虑轴承承受轴向力，故在使用时电动机轴应呈水平状态。

（2）在一个模板上同时用多台附着式振动器时，各振动器的频率必须保持一致，相对面的振动器应错开安置。

（3）在作平板振动器使用时，其底板大小可参考表 3-9 配制。

（4）底板安装时，地脚螺栓应正确对位。

（5）经常保持外壳清洁，以利电动机散热。

（6）振动器不应在干硬的土地或其他硬物上运转，否则振动器将因振跳过甚而损坏。

（7）振动器每工作 300h 后，应拆开清洗轴承，更换 2 号（夏季）或 1 号（冬季）钙基润滑脂；若轴承磨损过甚，将会使转子与定子摩擦，必须及时更换。

（二）内部振动器

内部振动器亦称插入式振动器，混凝土振捣棒。它的作用和使用目的与外部振动器相同。浇灌混凝土厚度超过 25cm 以上者，应用插入式混凝土振捣棒。

外部振动器技术数据

表 3-8

项 目	单 位	HZ₂-4	HZ₂-5	HZ₂-7	HZ₂-5A	HZ₂-20	HZ₂-10	HZ₂-11
振 动 频 率	min⁻¹	2800	2800	2880	2860	2850	2800	2850
动 力 距	kg·cm	4.2	4.9	6.5	5.2	20	20	10.9
振 动 力	kg	370	430	600	480	1800	900	1000
振 幅	mm			1.1~2			2	
电动机功率	kW	0.5	1.1	1.5	1.5	2.2	1.0	1.5
轴 承	个/型号		2×42305 或 2×305	2×42306			2×306 或 2×305	
电 源	相/V/Hz	3/380/50	3/380/50	3/380/50	3/380/50	3/380/50	3/380/50	3/380/50
木底板尺寸	mm	500×400×50	600×400×50	720×540×50	700×500×50	1000×700×50	面积小于 0.4m²	
地板螺栓中心距	mm	169×170	180×170	180×200	170×170	180×160	2.0×280	230×280
地脚螺栓直径	mm	12	12	16	12	12	16	
外 形 尺 寸	mm	425×210×220	425×210×220	425×250×260	410×210×240	450×270×290	410×325×246	390×325×246
重 量	kg	23	26	38	28	65	57	57

内部振动器主要由电动机、软轴组件、振动棒体等三部分组成。根据振动棒产生振动方式不同，振动棒分高频行星式振动器和中频偏心式振动器等类型。

图 3-11 是高频行星外滚软轴插入式振动器的主机和振动棒的结构示意。这种振动器是使用最多的一种，在数量上占我国插入式振动器的 90% 左右。

高频行星外滚软轴插入式振动器的技术数据，见表 3-9。

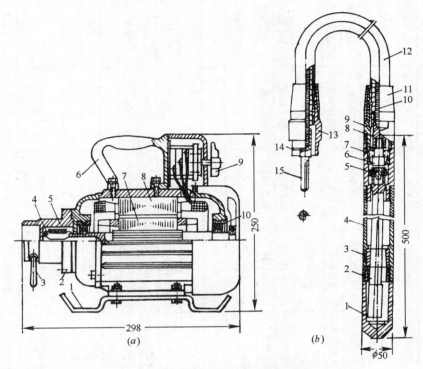

图 3-11　振动器和振动棒结构示意图

(a)250 型高频行星振动器主结构示意

1—扁钢底座；2—防逆器盖；3—偏心锁紧扳手；4—防逆键；5—胶圈弹簧；
6—提手柄；7—电动机转子；8—电动机定子；9—电源开关；10—滚动轴承

(b)带四球铰的振动棒结构示意

1—棒头；2—滚锥；3—滚道；4—棒身；5—四球铰；6—球接头；7—径向轴承；
8—软轴接头；9、13—软管接头；10—软轴；11—紧套；12—软管；14—锁紧环槽；15—软轴插头

图 3-12 是中频偏心式振动器外形结构示意。这类振动器是我国早期(1955 年前)大量生产的机种。它采用偏心式振动子，在电动机转子轴 9 上安有胀轮式防逆装置 10，同时设有增速器 8 以提高振度频率。其技术数据，见表 3-10。

电动内部振动器的安全使用、维护要点：

(1) 电动内部振动器，在使用前需先检查电机的绝缘是否良好。

(2) 在电气、机械检查合格后，才能通电试运转。若电动机旋转，软轴不转，可调换任意两相电源线；若软轴转动，行星振动棒不起振，可摇晃棒头或轻轻磕地，即可起振。

(3) 使用振动器时，应使振动棒垂直，自然地沉入混凝土中，切忌与钢筋、模板等硬物碰撞，以免损坏振动棒。棒体插入混凝土的深度不应超过棒长的 2/3～3/4，否则振动棒将不易拔出而导致软管的损坏。

高频行星外滚轴软轴插入式振动器的技术数据   表 3-9

项目		HZ₆-50	HZ₆-50	HZ₆X-50	HZ₆X-50	HZ₆-50	HZ₆-50	HZ₆-5	HZ₆-50
型号		YQ₂	YQ₂-12-2	YQ₂	YQ₂-12-2	YQ₃		YQ₃-091-2	YQ₂
主机	功率(kW)	1.1	1.1	1.1	1.1	1.1	1.3	1.1	1.1
	转速(r/min)	2850	2850	2850	2850	2840	2850	2850	2800
	电源(相/Hz/V)	3/50/380	3/50/380	3/50/380	3/50/(380/220)	3/50/380	3/50/380	3/50/380	3/50/(380/220)
	防逆装置形式	橡胶弹簧键	自行车"飞"	单钢丝片弹簧键	单齿棘轮	自行车"飞"	双钢丝弹簧钅	改进自行车"飞"	
	防逆装置轴承(个×型号)		1×204		2×203U	1×30204			
	软管锁紧形式	偏心扳手	插销	插销	插销	偏心扳手	偏手扳手	偏心编手	偏心扳手
	底盘形式	双偏钢固定	圆盘回转	圆盘回转	圆盘回转	圆盘回转	圆盘回转	圆盘回转	
	外形尺寸(长×宽×高)mm	298×160×250	370×230×270	392×250×275	377×215×258	343×270×270	305×260×255	350×270×280	362×170×240
传动轴	长度(m)	4	4	4	4	4	4	4	4
	软轴直径(mm)	13	13	12	13	13	12	13	13
	软管外径(mm)	42	36	36	40	36	36	40	36
振动棒	振动频率(min⁻¹)	12000~14000	14500~15500	14000	14000	12000	15000	14800	12000
	振动力(kg)	500	410~510	500	570	540	500	600	550
	尖端空载振幅(mm)	0.9~1.1	0.9~1.2	0.8	1.1	1.15	0.8	0.85	2.4
	直径(mm)	50	51	53	51	51	50	50	51
	长度(mm)	500	485	455	500	451	436	500	500
	轴承(个×型号)	1×203	1×203U 或 1×1203	1×1203U	1×1203	1×60203	1×60203	1×203U	1×203U
总重(kg)		27.5	31.8	32	33	32.5	32.7	31	32
产地		安阳	芜湖	沈阳	济南	广东省建	成都	佛山	江苏建机

项目	HZ_6X-70	HZ_6X-50	HZ_6X-35	HZ_6X-30	HZ-50	HZ-50	HZ_6-50	HZ_6X-50	HZ_6-50
型号	YQ_3	YQ_2	YQ_3-091-2	YQ_2	YQ_2	YQ_2	YQ_2	YQ_3	YQ_2-21-2
主机 功率(kW)	2.2	2.2	1.1	1.1	1.1	1.1	1.1	1.5	1.5
转速(r/min)	2850	2850	2850	2850	2850	2850	2850	2860	2860
电源(相/Hz/V)	3/50/380	3/50/380	3/50/380	3/50/380	3/50(380/220)	3/50/380	3/50/380	3/50/380	3/50/380
防逆装置形式	胀轮	单钢丝(片)弹簧	改进自行车"飞"	弹簧键单钢丝(片)		自行车"飞"		双钢丝弹簧键	弹簧摆动键
防逆装置轴承(个×型号)	1×60206								
软管锁紧形式	偏心扳手	插销	偏心扳手	插销				偏心扳手	
底盘形式	圆盘回转	圆盘回转	圆盘回转	圆盘回转				圆盘回转	
外形尺寸(长×宽×高)mm	400×260×320	392×250×275	350×270×280	392×250×275	395×260×280	295×260×280	332×230×261	302×250×255	
传动轴 长度(m)	4	4	4	4	4	4	4	4	4
软轴直径(mm)	13	13	10	10	13	13	10	12	13
软管外径(mm)	36								40
振动棒 振动频率(min)$^{-1}$	12000~14000	14000	15800	19000	12500~14500	12500~14500	14000	15000	12500~14500
振动力(kg)	900~1000	920	250	220	480~580	480~580	480~580	526	480~580
尖端空载振幅(mm)	1.4~1.8	1.4	0.5	0.5	1.8~2.2	1.8~2.2	1.1	2.0	1.8~2.2
直径(mm)	68	62	35	33	50	53	50	51	50
长度(mm)	480	470	468	413	450~500	529	500	500	450
轴承(个×型号)	1×205U 松动轴承	1×304U 松动轴承	四球铰	1×100U 松动轴承	450~500			2×203G 四球铰	13
总重(kg)	38	35.2	25	26.4	32.5	34	28	31.8	41.5
产地	上海	沈阳	佛山	沈阳	泰州	华东	浙江建机	湘潭	兰州

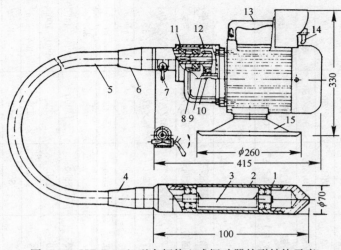

图 3-12　HZ₆P-70A 型中频偏心式振动器外形结构示意

1、11—轴承；2—振动棒外壳；3—偏心轴；4、6—软管接头；5—软轴；7—软管锁紧扳手；8—增速器；9—电动机转子轴；10—胀轮式防逆装置；12—增速小齿轮；13—提手；14—电源开关；15—转盘

中频偏心软轴式振动器技术数据　　　　　　　　　　　　　　　　表 3-10

项　目		型　号		
		HZ₆P-70A	HZ₆-50	B-50
主机	型号	YQ₃	YQ₂	YQ₂
	功率(kW)	2.2	1.5	1.5
	转速(r/min)	2850	2860	2860
	电源(相/Hz/V)	3/50/380	3/50/380	3/50/380
	防逆装置型式	胀轮	张轮	胀轮
	防装置轴承(个×型号)	2×60204	3×6250	3×6205
	软管锁紧型式	偏心扳手	偏心扳手	偏心扳手
	底盘形式	圆盘回转	圆盘回转	圆盘回转
	外形尺寸(mm)	415×260×330	536×320×280	545×320×290
	增速比	37/17	32/15	32/15
转动轴	长度(m)	4	4	4
	软轴直径(mm)	13	13	13
	软轴外径(mm)	36	42	42
振捣棒	直径(mm)	71	50	60、50①
	长度(mm)	400	500	388、500①
	频率(min⁻¹)	6200	6000	6000
	振幅(mm)	2～2.5	1.5～2.8	1.5～2.5
	轴承(个×型号)	4×60206	4×6203	4×6205(4×6203)
总重(kg)		45	48.8	49

①可换振动棒。

（4）每次振动时需将振动棒上下抽动，以保证振捣均匀，当混凝土表面已经平坦，无

显著坍陷，有水泥浆出现，不再冒气泡时，则表明混凝土已经捣实，可慢慢拔出振动棒。过长时间的振捣将使混凝土"离析"而影响混凝土质量。

（5）移动振动器时，应保证不致出现"死角"。

（6）振动器使用时软管弯曲半径不宜小于 500mm，其弯曲不能多于二弯，以免损坏软轴。

（7）振动器使用中温度过高，须停机降温。冬季低温时，应采取徐徐加温的办法，使润油解冻后，才能使用。

（8）应经常将电动机、软管、振动棒等擦刷干净。

（9）振动器应按使用要求进行润滑保养。

四、起重机械

起重机械在园林工程施工中，用于装卸物料、移植大树、山石掇筑、拔除树根，带上附加设备还可以挖土、推土、打桩、打夯等。

起重机械种类很多，在园林施工中常用汽车式起重机、少先起重机、卷扬机、手葫芦和电动葫芦等。

（一）汽车起重机

汽车起重机是一种自行式全回转起重机构安装在通用或特制汽车底盘上的起重机。起重机所用动力，一般由汽车发动机供给。汽车起重机具有行驶速度高，机动性能好，所以适用范围较广。

1. Q_1-5 型汽车起重机

图 3-13 是 Q_1-5 型汽车起重机的外形构造示意。它是用解放牌汽车作底盘，利用汽车上的发动机为动力，经过一系列的机械变速和传动来实现起重机的回转、起重和变幅工作。

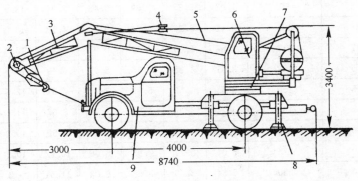

图 3-13　Q_1-5 型汽车起重机的外形构造示意

1—吊钩；2—起重臂顶端滑轮组；3—起重臂；4—变幅钢丝绳；
5—起重钢丝绳；6—操纵室；7—回转转盘；8—支腿；9—解放牌汽车

Q_1-5 型起重机的主要技术数据和工作性能见表 3-11。

2. Q_2 型汽车起重机

Q_2 型汽车起重机，是全回转伸缩臂式，采用全液压传动和操纵，其结构简单，自重较轻，能无级变速，操纵轻便灵活，安全可靠。

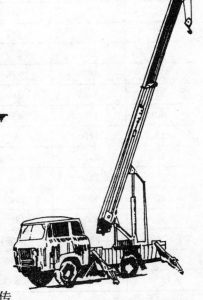

图 3-14　Q_2-3 型汽车起重机外形

Q_1-5 型汽车起重机主要技术规格　　　　　　　　表 3-11

工作性能	回转半径	m	2.5	3.5	4.5	5.5	速度	回　转	r/min	3.94
	起重量	倍率 2	t	3.5	3.0	1.8	1.8		行　驶	km/h	30
		倍率 3		5	3.5	2.7	2.0	起重	倍率 2	m/min	15.3
	起升高度	m	6.5	6.1	5.5	4.5		倍率 3		10.2
发动机	型　号		CA30				钢丝绳	直　径	mm	17
	最大功率	kW	70				长度	起重	m	34.5
	转　速	r/min	2800					变幅		14
	最大扭矩	kg·m	31				外形尺寸	全　长		8.74
重量	汽车底盘	t	3.4					全　宽	m	2.42
	起重装备		4.1					全　高		3.40
	全　机		7.5							

图 3-14 是 Q_2-3 型汽车起重机外形，它是用上海 SH-130 型汽车底盘，将其大梁进行加固后装配而成的。

Q_2-3 型液压汽车起重机起重臂由三节组成，其起重性能见表 3-12。

Q_2-3 型起重机起重性能表　　　　　　　　表 3-12

起重臂仰角（度）	起重量(kg)			起重高度和回转半径(m)					
				Ⅰ节臂		Ⅱ节臂		Ⅲ节臂	
	Ⅰ节臂	Ⅱ节臂	Ⅲ节臂	高度	半径	高度	半径	高度	半径
5	720	210	76	1.42	5.44	1.84	9.06	1.67	14.0
10	750	218	90	1.92	5.37	2.69	9.48	2.91	13.9
15	790	228	105	2.41	5.25	3.54	9.27	4.13	13.6
20	850	247	117	2.88	5.09	4.35	9.01	5.33	13.3
25	295	275	132	3.41	4.88	5.15	8.67	6.49	12.8
30	1030	315	150	3.83	4.65	5.92	8.21	7.61	12.3
35	1165	365	185	4.24	4.39	6.64	7.77	8.67	11.6
40	1360	430	230	4.64	4.06	7.32	7.25	9.69	10.9
45	1700	520	275	5.01	3.71	7.95	6.66	10.62	10.1
50	2165	660	330	5.34	3.35	8.54	6.02	11.51	9.2
55	2840	845	355	5.63	2.93	9.06	5.33	12.29	8.3
60	3000	1140	400	5.85	2.51	9.52	4.58	13.00	7.2
65	3000	1610	445	6.12	2.05	9.91	3.82	13.61	6.1
70	3000	2000	510	6.31	1.59	10.21	3.02	14.10	5.0
75	3000	2000	575	6.64	1.08	10.49	2.19	14.53	3.8
78.5	3000	2000	660	6.53	0.76	10.59	1.59	14.94	3.0

Q_2 型汽车起重机还有安装在解放牌汽车底盘上的 Q_2-5 型和 Q_2-5H 型，安装在黄河牌汽车底盘上的 Q_2-8 型、Q_2-12 型，以及安装在特制的专用底盘上的 Q_2-16 型。它们的

技术数据见表 3-13。

Q₂型汽车起重机技术数据   表 3-13

项 目		单位\型号	Q₂-3	Q₂-5	Q₂-5H	Q₂-8	Q₂-12	Q₂-16
起重臂节数			三节	两节	三节	两节	两节	三节
最大起重能力		t	3	5	5	8	12	16
最大起重力时的	回转半径	m	0.76	3.1	3	3.2	3.6	3.8
	起重高度		0.53	6.49	6.5	7.5	8.4	8.4
工作速度	起重	m/min	12	10	9	8	7.5	7
	回转	r/min	2.5	3	2	2.8	2.8	2.5
	起臂时间	s	22	19	12	27	18	40
	落臂时间		12	14	12	13	28	25
	伸臂时间		50	32	29	55	22	50
	缩臂时间		25	15	29	35	33	25
	放支腿时间		8	12	30	12	25	28
	收支腿时间		8	7	30	6	22	21
行驶性能	最高行驶速度	km/h	40	30	60	60	60	60
	最大爬坡能力	%	35	≤20	30	27	27	24
	最小转弯半径	m	9.2	11.2	12	8.75	9.5	10
	最小离地间隙		0.26	0.30	0.30	0.266	0.34	0.29
底 盘 型 号			SH-130	CA-10B	CA-30A	JN150C	JN150	特制
发动机	型 号		490Q	A-10B	CA30	6135Q	6135Q	6135Q-1
	最大功率	kW	55	70	81	118	118	162
	最高转速	r/min	2800	2800		1800	1800	2200
	最大扭矩	kg·m		31	35	70	70	80
支腿	纵 距	m	2.194	3.134	2.934	2.970	3.200	4.100
	横 距		3.060	3.500	3.300	3.400	4.010	4.600
外形尺寸	全 长	m		8.74	7.66	8.6	10.35	11.05
	全 宽			2.30	2.299	2.45	2.40	2.56
	全 高			3.10	2.60	3.20	3.30	3.25
全机总重量		t	4.35	7.95	8.59	15.60	17.30	22

3. 汽车起重机安全使用要点

（1）驾驶员必须执行规定的各项检查与保养后，方可启动发动机。发动后经检查，确认为正常后方可开始工作。

（2）开始工作前，应先试运转一次，检查各机构的工作是否正常，制动器是否灵敏可靠，必要时应加以调整或检修。

（3）起重机工作前应注意在起重臂的回转范围内有无障碍物。

（4）起重臂最大仰角不得超过原厂规定，无资料可查时，最大仰角不得超过 78°。

（5）起重机吊起载荷重物时，应先吊起离地 20～50cm，须检查起重机的稳定性、制动器的可靠性和绑扎的牢固性等，并确认可靠后，才能继续起吊。

（6）物体起吊时驾驶员的脚应放在制动器踏板上，并严密注意起吊重物的升降，并勿使起重吊钩到达顶点。

（7）起吊最大额定重物时，起重机必须置于坚硬而水平的地面上，如地面松软和不平时，应采取措施。起吊时的一切动作要以极缓慢的速度进行，并禁止同时进行两种动作。

（8）起重机不得在架空输电线路下工作。在通过架空输电线路时应将起重臂落下，以免碰撞电线。在高低压架空线路附近工作时，起重臂钢丝绳或重物等与高低压输线电路的垂直水平安全距离均应不小于表 3-14 规定。

起重机在架空输电线路下工作的安全距离 表 3-14

输电线路电压	垂直安全距离（m）	水平安全距离（m）
1kV 以下	1.5	1.5
1～2kV	1.5	2.0
35～110kV	2.5	4.0
154kV	2.5	5.0
220kV	2.5	6.0

如因施工条件所限不能满足上述规定要求时，应与施工技术负责人员和有关部门共同研究，采取必要的安全措施后，方可施工。

（9）如遇重大物件必须使用两台起重机同时起吊时，重物的重量不得超过两台起重机所允许起重量总和的 75%。绑扎时注意负荷的分配，每台起重机分担的负荷不得超过该机允许负荷的 80%，以免任何一台过大而造成事故，在起吊时必须对两机进行统一指挥，使两者互相配合，动作协调，在整个吊装过程中，两台起重机的吊钩滑车组都应基本保持垂直状态。为保证安全施工最好使两机同时起钩或落钩。

（10）不准载荷行驶或不放下支腿就起重。伸出支腿时，应先伸后支腿；收回支腿时，应先回前支腿。在不平整地工作时应先平整场地，以保证本身基本水平（一般不得超过3°），支腿下面要垫木块。

（11）起重工作完毕后，在行驶之前，必须将稳定器松开，四个支腿返回原位。起重吊不得硬性靠在托架上，托架上需垫约 50mm 厚的橡胶块。吊钩挂在汽车前端保险杠上也不得过紧。

（二）少先起重机

少先起重机，是用人力移动的全回转轻便式单臂起重机。工作时不能变幅，这种起重机在园林施工中可用于规模不大或大中型机械难以到达的施工现场。

常用的少先起重机有 0.5t、0.75t、1t 和 1.5t 等几种。

少先起重机的外形及构造，如图 3-15。它由机架和工作装置等组成，四轮机架 1 的中央装有短柱 2，回转平台 4 安装在短柱轴颈 3 上旋转，回转平台的后半部上装有电动机 5，蜗轮减速器 6，卷扬机 7，下部备有配重箱 10；回转平台 4 的前部装有起重臂 8，并用拉索 9 拉住使倾角固定。工作由电动机驱动经减速器带动卷扬机 7 旋转，回转时用人力推动。

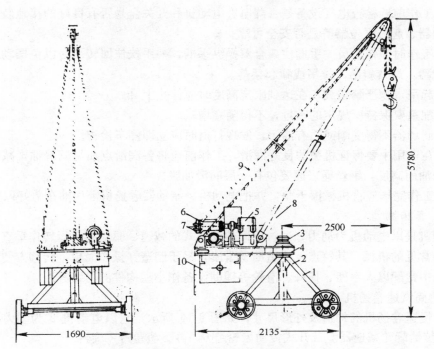

图 3-15　少先起重机的外形及构造示意

1—四轮机架；2—短柱；3—短柱轴颈；4—回转平台；5—电动机；

6—蜗轮减速器；7—卷扬机；8—起重臂；9—拉索；10—配重箱

少先起重机的主要技术数据，见表 3-15。

少先起重机主要技术数据　　　　　　　　　表 3-15

技　术　数　据		单　位	型　　号			
			0.5t	0.75t	1t	1.5t
起　重　量		t	0.5	0.75	1	1.5
起　重　幅　度		m	2.5	3	2.5	2.5
水　平　回　转　角　度		度	360	360	360	360
起　升　速		m/min	7	11	7.5	8.5
减　速　比			1∶32	1∶24	1∶32	1∶32
起升高度	安装在地面上	m	5	5	5	5
	安装在建筑物上		20	20	20	20
配套电动机	型　　号					
	功　　率	kW	4.2	7	4.5	7
	转　　速	r/min	875	1400	910	950
自　　重		kg	1370	1240	1960	2230

少先起重机的安全使用要点：

（1）安装起重机的地面，要平整夯实。在使用前将四个轮子固定牢靠，起重机周围要有足够的空间，以免提升或回转时与周围物体发生碰撞。

（2）工作前要检查电气设备是否漏电、电动机和开关盒是否有良好的接地装置；离合器、制动器、起重限位器等是否安全可靠。

（3）工作时操作人员一手握住离合器操纵手柄，一手扶住回转平台以免摆动，回转速度不能过猛。严禁斜吊、拉吊或猛起猛落。

（4）起吊重物严禁超载，在达到限定高度时应停止上升。

（5）配重要保持所规定的重量，不得随意增减。

（6）制动器不得受潮或沾有油污，发现打滑时应立即停车检查。

（7）在使用中要保证机械的良好润滑，工作前应将各润滑点加足润滑油，减速器应保持规定的油面高度，钢丝绳表面要包有一层润滑油膜。

（8）工作完毕应将机械擦干净，并把电动机、制动器卷扬机等用油布盖好以免受潮。

（三）卷扬机

卷扬机是以电动机为动力，通过不同传动形式的减速、驱动卷筒运转作垂直和水平运输的一种常见的机械。其特点：构造简易紧凑，易于制造，操作简单，转移方便。在园林工程施工中常配以人字架、拔杆、滑轮等辅助设备作小型构件的吊装等用。

1. 单筒慢速卷扬机

单筒慢速卷扬机的构造及外形尺寸，如图 3-16 所示，它以电动机 2 为动力，通过联轴器 3，传给蜗轮减速器 5 及开式传动齿轮组 6，再驱动卷筒 7 旋转。

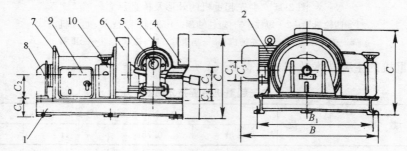

图 3-16　JJM-3、5、8、10、12 型构造

1—机架；2—电动机；3—联轴器；4—重锤电磁制动器；5—蜗轮减速器；

6—开式传动齿轮组；7—卷筒；8—支架；9—电气箱；10—凸轮控制器

2. 单筒手摇卷扬机

JS-05、1、3、5、10 型单筒手摇卷扬机的构造及传动机构，如图 3-17 所示。它由机架 1、手柄 2、开式传动齿轮组 3、卷筒 4、带式制动器 5、制动轮 6、棘轮限制器 7 等组成。

传动机构用人力摇动手柄 2，通过开式传动齿轮组 3，驱动卷筒 4 旋转。

卷扬机的技术数据，安装尺寸，见表 3-16。

卷扬机的安全使用要点：

（1）卷扬机安装前，要了解具体工作情况，确定卷扬机的安装位置，检查零部件是否灵敏可靠，根据卷扬机的牵引力和安装位置，埋设地锚。

（2）卷扬机就位时，机架下面要铺设方木，卷扬机要保持纵、横两个方向的水平，钢丝绳的牵引向要与卷筒的轴向成直角。

表 3-16

卷扬机的技术数据及安装尺寸

型号	牵引力 (kg)	卷筒 直径 (mm)	卷筒 长度 (mm)	卷筒 转速 (r/min)	容绳量 (m)	钢丝绳 规格	钢丝绳 直径 (mm)	绳速 (m/min)	电动机 型号	电动机 功率 (kW)	电动机 转速 (r/min)	总转动比 t	A	B	C	A₁	A₂	A₃	A₄	B₁	B₂	C₁	C₂	C₃	C₄	C₅	d	n	自重 (kg)
JJK-05	500	236	441	27	100	6×19+1-170	9.3	20	YQ42-4	2.8	1430	52.9	755	880	460	770				610		155	80	155			17	6	310
JJK-1	1000	190	370	46	110	6×19+1-170	11	35.4	YQ₂51-4	7.5	1450	31.5	960	1010	587	640				870		200	100	200			17	6	471
JJK-2	2000	325	710	24	180	6×19+1-170	15.5	28.8	JR71-6	14	950	40.17	1331	1353	845	1320				940		200	210	300			20	5	1200
JJK-3	3000	350	500	30	300	6×19+1-170	17	42.3	JR81-8	28	720	24	2021	1700	1344	698				1700	520	364	206	364	280		20	10	2204
JJK-5	5000	410	700	22	300	6×19+1-170	23.5	43.6	YQ83-6	40	960	44	1884	1743	890	1870				1600		320	170	320			30	4	2785
JD-04	400	200	299	32	400	6×19+1-170	7.7	25	JBJ-4.2	4.2	1455	45.5	900	520	648	790				550		350	280						448
JD-1	1000	220	310	35	400	6×19+1-170	11	32	JBJ-11.4	11.4	1455	41	1100	765	730	865		1065		600		375	300	170					570
JB-1	1000	180	350	69	60	6×19+1-170	11	41	YQ₂51-4	7.5	1440	21	1212	820	570	100	380			600	700	220	160				30	8	319
JJM-3	3000	340	500	7	100	6×19+1-170	15.5	8	JZR31-8	7.5	702	100	1400	1510	925	103	980			1000		160	220	210		190	21	4	1100
JJM-5	5000	460	800	6.3	190	6×19+1-170	23.5	8	JZR41-8	11	715	113	1825	1582	1015	213	1150			1280		195	240	255	100	225	21	4	1700
JJM-8	8000	550	1000	4.6	300	6×19+1-170	28	9.9	JZR51-8	22	718	136	2160	2110	1170	73	883			1590		420	300	410	100	250	23	8	2985
JJM-10	10000	550	968	7.3	350	6×19+1-170	34	8.1	JR51-8	22	723	99	2170	2810	1180							400	340	300	100	250	21	8	4000
JJM-12	12000	650	1200	3.5	600	6×19+1-170	37	9.5	JZR₂52-8		725	208	2100	1948	1455					1760		530	220	300	135	225	23	8	6500
JJM-20	20000	850	1324	3	1000	6×19+1-170	40.5	9.6	JZR92-8	55	725	245	3820	3360	2085	100	235			3160		790	323	325	448	450	23	12	8960
JS-05	500	130	460	2.6	100	6×19+1-170	7.7	1				14	1035	602	793	674				30	300	490	300	210	340	590	17	4	126
JS-1	1000	180	500	1.5	150	6×19+1-170	11	0.8				18/8	1490	775	990	730				50	400	578	400	295	350	720	17	4	216
JS-3	3000	200	500	1.6	200	6×19+1-170	15.5	1				26.4	1813	863	1265	820				90	600	742	400	420	610	110	21	4	525
JS-5	5000	280	670	1	250	6×19+1-170	17	1				58	2105	867	1548	1054				95	660	1125	400	450	690	200	21	4	1240
JS-10	10000	400	800	0.7	3000	6×19+1-170	26.5	0.8				196/98	2524	1630	1433	1270				50	510	1005	400	585	1080	1160	23	8	2080

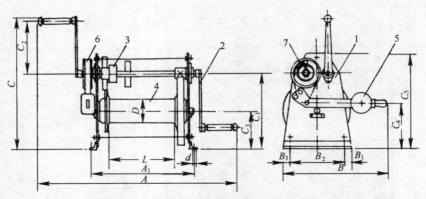

图 3-17　单筒手摇卷扬机构造及传动机构示意
1—机架；2—手柄；3—开式传动齿轮组；4—卷筒；
5—带式制动器；6—制动轮；7—棘轮限制器

（3）电气设备要安装在卷扬机和操作人员附近，接地要良好，并不得借用避雷器上的地线作接地线；电气部分不得有漏电现象，必须装有接地和接零的保护装置，接地电阻不得大于 10Ω，但在一个供电系统上，不得同时接地又接零。

（4）卷扬机运转前，要检查各部润滑情况，加足润滑剂；各部位特别是制动器经检查均良好后，方可进行运转。

（5）卷扬机只限于水平方向牵引重物，如需要作垂直和其他方向起重时，可利用滑轮导向（不得用开口滑轮）。但要保持卷筒与第一道导向滑轮之间不小于 12m。

（四）环链手拉葫芦和电动葫芦

环链手拉葫芦又称差动滑车、倒链、车筒、葫芦等。它是一种使用简易携带方便的人力起重机械，适用于起重次数较少，规模不大的工程作业，尤其适用于流动性及无电源作业面积小的工程施工上。

图 3-18 所示为 SH 型环链手拉葫芦，是我国生产时间较长的一种系列产品。其技术规格见表 3-17。

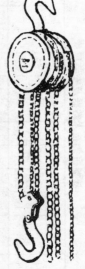

图 3-18　SH 型环链手拉葫芦

SH 型环链手拉葫芦技术规格　　　　　　　　　　　　　　　表 3-17

型　　号		SH1/2	SH1	SH2	SH3	SH5	SH10
起重量	t	0.5	1	2	3	5	10
起升高度	m	2.5	2.5	3	3	3	5
试验荷载	t	0.625	1.25	2.5	3.75	3.75	12.5
两钩间最小距离	mm	250	430	550	610	610	1000
满载时手链拉力	kg	19.5~22	21	23.5~36	34.5~36	34.5~36	38.5
起重链	行数	1	2	2	2	2	4
重　量	kg	11.5~16	16	31~32	45~46	73	170

电动葫芦是一种简便的起重机械，由运行和起升两大部分组成，一般安装在直线或曲线工字梁的轨道上，用以起升和运输重物。

电动葫芦具有尺寸小、重量轻、结构紧凑、操作方便等特点，所以越来越广泛地代替手拉葫芦，用于园林施工的各个方面。

目前生产的电动葫芦型号很多，这里仅介绍 CD 型和 MD 型电动葫芦。

图 3-19 是 CD 型和 MD 型电动葫芦，它们具有整体结构良好，制动可靠，重量轻，噪音小等优点。其主要技术数据，见表 3-18。

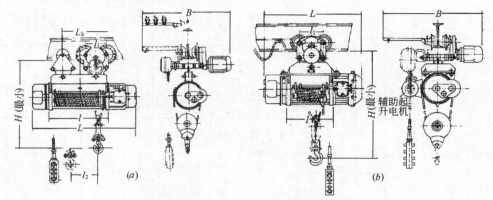

图 3-19　CD 型和 MD 型电动葫芦外形示意

(a)CD 型电动葫芦；(b)MD 型电动葫芦

五、提水机械

工农业生产中常用的提水机械是水泵，在园林工程中应用也很广泛，土方施工、给水、排水、水景、喷泉等用它；园林植物栽培中，灌溉、排涝、施肥、防治病虫害等也用它。

（一）水泵型号和结构

水泵的型号很多。目前园林中使用最多的是离心泵。离心泵的品种也很多，各种类型泵的结构又各不相同。下面简单地介绍一下单级单吸悬臂式离心泵。

单级悬臂式离心泵结构简单，使用维护方便，应用很广。此类泵的扬程从几米到近100m，流量 4.5～360m³/h，口径 3.75～20cm。

图 3-20 所示系悬臂式离心泵结构。主要有泵体 2、泵盖 1、叶轮 3、泵轴 12 和托架 19

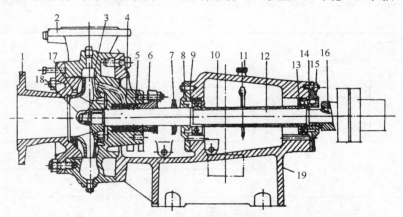

图 3-20　悬臂式离心泵结构示意

1—泵盖；2—泵体；3—叶轮；4—水封环；5—填料；6—填料压盖；7—挡水圈；8—轴承端盖；
9—挡油圈甲；10—定位套；11—油标尺；12—泵轴；13—滚动轴承；14—挡油圈乙；15—挡套；
16—键；17—减漏环；18—叶轮螺母；19—托架

表 3-18

CD型、MD型是电动葫芦主要技术数据

型号	起重量(t)	起升高度(m)	起升速度(m/min)	运行速度(m/min)	工作制度(JC)	主起升功率(kW)	主起升转速(r/min)	辅起升功率(kW)	辅起升转速(r/min)	运行功率(kW)	运行转速(r/min)	绳直径(mm)	结构	L	Lk	t	t1	t2	B	H最小	重量(kg)	环最小行小轨道半径(m)	轨道型号
0.5-6D	0.5	6	8	20	25%	0.8	1380	0.2	1380	0.2	1380	7.6	6×37+1	616			185		866		120—138		16—82^b
0.5-9D	0.5	9	8	20	25%	0.8	1380	0.2	1380	0.2	1380	7.6	6×37+1	688		274	185	72	866		125—143	1	16—82^b
0.5-12D	0.5	12	0.8	20	25%	0.8	1380	0.2	1380	0.2	1380	7.6	6×37+1	760		418	185	144	866		145—163		16—82^b
1-6D	1	6	8	20	25%	1.5	1380	0.2	1380	0.2	1380	7.6	6×37+1	758		345	185	98	884	685	147—165	1	16—30^c
1-9D	1	9	8	20	25%	1.5	1380	0.2	1380	0.2	1380	7.6	6×37+1	856		443	185	196	884	780	158—176	1	16—30^c
1-12D	1	12	0.8	30	25%	1.5	1380	0.2	1380	0.2	1380	7.6	6×37+1	954		541	185	293	884	780	180—198	1.2	16—30^c
1-18D	1	18	8	30	25%	1.5	1380	0.2	1380	0.2	1380	7.6	6×37+1	1150	411	737	185	390	884	780	195	1.8	16—30^c
1-24D	1	24	8	30	25%	1.5	1380	0.2	1380	0.2	1380	7.6	6×37+1	1346	607	933	185	488	884	780	208	2.5	16—30^c
1-30D	1	30	0.8	60	25%	1.5	1380	0.2	1380	0.2	1380	7.6	6×37+1	1542	803	1129	185		884	780	222	3.2	16—30^c
2-6D	2	6	8	20	25%	3	1380	0.4	1380	0.4	1380	11	6×37+1	818		352	205	100	930~994	860~960	235—265	1.2	20^a / 32^c
2-9D	2	9	8	20	25%	3	1380	0.4	1380	0.4	1380	11	6×37+1	918		432	205	150	930~994	860~960	248—278	1.5	20^a / 32^c
2-12D	2	12	0.8	30	25%	3	1380	0.4	1380	0.4	1380	11	6×37+1	1018	290	552	205	200	930~994	860~960	296—326	2	20^a / 32^c
2-18D	2	18	8	30	25%	3	1380	0.4	1380	0.4	1380	11	6×37+1	1218	412	752	205	300	930~994	860~960	320—350	2	20^a / 32^c
2-24D	2	24	0.8	30	25%	3	1380	0.4	1380	0.4	1380	11	6×37+1	1418	612	952	205	400	930~994	860~960	340—370	2.5	20^a / 32^c
2-30D	2	30	0.8	60	25%	3	1380	0.4	1380	0.4	1380	11	6×37+1	1618	808	1152	205	500	930~994	860~960	360—395	2.5	20^a / 32^c

（MD 型）

型号	起重量(t)	起升高度(m)	起升速度(m/min)	运行速度(m/min)	工作制度(JC)	电动机 主起升 功率(kW)	主起升 转速(r/min)	辅起升 功率(kW)	辅起升 转速(r/min)	运行 功率(kW)	运行 转速(r/min)	钢丝绳 绳直径(mm)	结构	L	Lk	t	t1	t2	B	H最小	重量(kg)	环行最小轨道半径(m)	轨道型号
MD 3-6D	3	6	8	20	25%	4.5	1380	0.4	1380	0.4	1380	13	6×37+1	924		390	205		930-994	985	290/320	1.2	20[a] / 32[c]
MD 3-9D		9	8	20										1027		493	205	103		985	310/340	1.2	
MD 3-12D		12	8	30										1130		596	205	206		1080	360/390	1.5	
MD 3-18D		18	8	30										1336	450	802	205	309		1080	360	2.5	
MD 3-24D		24	0.8	60										1542	656	1008	205	411		1080	415	3.0	
MD 3-30D		30	0.8	60										1748	862	1214	205	515		1080	440	4.0	
MD 5-6D	5	6	8	20	25%	7.5	1380	0.8	1380	0.8	1380	15.5	6×37+1	1047		415	205-228	105	1020-1084	1310	465/605	1.5	25[a] / 63[c]
MD 5-9D		9	8	20										1168		536	205-288	158		1310	490/530	1.5	
MD 5-12D		12	8	30										1257		625	205-288	210		1310	570/610	1.5	
MD 5-18D		18	8	30										1467	612	835	205-288	315		1310	610	2.5	
MD 5-24D		24	0.8	60										1677	822	1045	205-288	420		1310	650	3.0	
MD 5-30D		30	0.8	60										1887	1032	1255	205-288	526		1310	690	4.0	
CD 10-9D	10	9												1595-1763	502-702	865	205-288			1350	1030	3.0	25[a] / 63[c]
CD 10-12D		12												1786-1954	683-883	1056	205-288			1350	1085	3.5	
CD 10-18D		18												2146-2316	1045-1245	1418	205-288			1350	1180	4.5	
CD 10-24D		24												2510-2678	1447-1647	1780	205-288			1350	1280	6.0	
CD 10-30D		30												2870-3040	1719-1919	2142	205-288			1350	1380	7.2	

等组成。泵进口在轴线上，吐出口与泵轴线成垂直方向，并可根据需要将泵体旋转 90°、180°、270°。泵由联轴器直接传动，或通过皮带装置进行传动。采用皮带传动时，托架靠皮带轮一侧安装两个单列向心球轴承。

（二）水泵的性能

水泵的铭牌是水泵的简单说明书，从铭牌上可以了解水泵的性能和规格。图 3-21 是一个铭牌的例子。

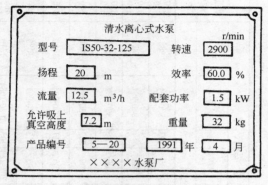

铭牌上的数据很多，现把其中主要技术数据分别介绍如下。

1. 型号

水泵的类型很多，为了选型配套方便起见，制造部门根据水泵的尺寸、扬程、流量、转速和结构等特点，给水泵编出型号。我国水泵有新、旧两种型号，都是用汉语拼音字母和数字组成的。为了便于认识和区别新旧型号，举例如下。

图 3-21　水泵的铭牌

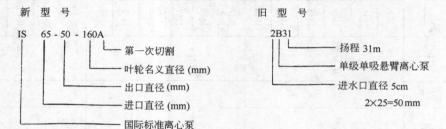

2. 流量 Q

水泵在 1h 之内的出水量叫作流量，单位是 m³/h 或 l/s，也有用 kg/s 或 t/h 来表示。

$$1 l/s = 3600 l/h = 3.6 m^3/h = 3.6 t/h$$

3. 扬程 H

通俗地说，扬程就是水泵的扬水高度，单位用 m。

水泵的扬程为实际扬程（进水水面至出水水面的垂直高度）和损失扬程之和。损失扬程在管路不长的情况下，可按实际扬程的 15%～30% 估算。

4. 功率 N 与效率 η

功率 N 是指水泵的轴功率，即原动机传输给水泵的功率，单位为 kW。

水泵的流量（kg/s）与扬程（m）的乘积为有效功率，用 $N_效$ 表示，单位为 kg·m/s。用公式表示：

$$N_效 = \gamma QH (\text{kg} \cdot \text{m/s})$$

$$N_效 = \frac{\gamma QH}{102} (\text{kW})$$

式中　γ——水的容重（kg/l）；

　　　Q——水泵的流量（l/s）；

　　　H——水泵的扬程（m）。

水泵的有效功率(输出功率)与轴功率(输入功率)之比是泵的效率 η，它是用来衡量泵的功率损失的。用公式表示：

$$\eta = \frac{N_{效}}{N_{轴}} \times 100\%$$

一般离心泵的最高效率在 $60\% \sim 80\%$，大型的水泵则大于 80%。

5. 转速 n

是指水泵的叶轮每分钟旋转的次数，单位为 r/min。

6. 允许吸上真空高度 H_s。

为了保证离心泵运行时不发生气蚀现象，通过试验规定出一个尽可能大的吸上高度，并留有 0.3m 的安全量，为允许吸上真空高度，单位为 m。它表示水泵吸水能力的大小，是确定安装高度的依据。

7. 比转数 n_s

比转数又叫比速，是指一个假想的叶轮与该泵的叶轮几何形状完全相似时，它的扬程为 1m，流量为 $0.075\text{m}^3/\text{s}$ 时的转数。它是表示水泵特性的一个综合数据。一般地说，比转数高的水泵流量大、扬程低；比转数低的水泵流量小、扬程高。比转数还表示了水泵的形状和各部尺寸的比值，水泵可根据它进行分类。

(三)选型配套的方法

1. 水泵的选型

选择水泵的主要依据是流量和扬程。选型的步骤如下：

(1)确定给排流量。根据给水工程、水景工程的要求和计算法确定给水流量；根据排水量和排水限期去计算排水流量。

(2)确定扬程。水泵的扬程应大于实际扬程加管路损失扬程。

实际扬程应根据具体情况来计算，还要考虑最低水位，以便确定水泵安装位置；并考虑最高水位，校核一下水泵运行是否安全。

对于一般中小型给排水，损失扬程可以根据实际扬程粗略估计。

损失扬程(m)＝损失扬程系数×实际扬程(m)

表 3-19 给出了损失扬程系数。

损 失 扬 程 系 数 表 3-19

损 失 扬 程 系 数 管路直径(mm) 实际扬程(m)	200 以内	250～300	350 以上
10	0.3～0.5	0.2～0.4	0.1～0.25
10～30	0.2～0.4	0.15～0.3	0.05～0.15
30 以上	0.1～0.3	0.1～0.2	0.03～0.1

(3)选择水泵。首先应根据预定流量和具体情况确定水泵台数，最好选用相同型号的水泵，以便检修和配件。确定台数以后，便可以算出一台水泵的流量。

为了便于选用水泵，表 3-20、表 3-21 已经把各种水泵的流量和扬程列出。选择水泵时可根据预定的扬程和流量，直接查表。

| 型　　号 | 流　量　Q | | 扬程 H (m) | 转速 n (r/min) | 配 电 动 机 | | 效率 η (%) | 吸程 H (m) | 叶轮直径 (mm) | 重量 (kg) |
	(m³/h)	(l/s)			功率 (kW)	型　　号				
IS50-32-125	8	2.2	22		1.5	Y90S-2	60		125	32
	12.5	3.47	20							
	16	4.4	18							
IS50-32-125A	7	1.94	17		1.1	Y802-2	58			32
	11	3.06	15							
	14	3.9	13							
IS50-32-160	8	2.2	35		3	Y100L-2	55		160	37
	12.5	3.47	32							
	16	4.4	28							
IS50-32-160A	7	1.94	27		2.2	Y90L-2	53			37
	11	3.06	24							
	14	3.89	22				7.2		
IS50-32-200	8	2.2	55		5.5	Y132S₁-2	44		200	
	12.5	3.47	50							
	16	4.4	45							41
IS50-32-200A	7	1.9	42		4	Y112M-2	42			
	11	3.06	38							
	14	3.9	35							
IS50-32-250	8	2.2	86		11	Y160M₁-2	35		250	72
	12.5	3.47	80							
	16	4.4	72							
IS50-32-250A	7	1.9	66	2900	7.5	Y132S₂-2	34			72
	11	3.06	61							
	14	3.9	56							
IS65-50-125	17	4.72	22		3	Y100L-2	69		125	
	25	6.94	20							
	32	8.9	18							34
IS65-50-125A	15	4.17	17		2.2	Y90L-2	67			
	22	6.1	15							
	28	7.78	13							
IS65-50-160	17	4.72	35		4	Y112M-2	66		160	
	25	6.94	32							
	32	8.9	28							40
IS65-50-160A	15	4.17	27		3	Y100L-2	64	7		
	22	6.1	24							
	28	7.78	22							
AIS65-40-200	17	4.72	55		7.5	Y132S₂-2	58		200	
	25	6.94	50							
	32	8.9	45							43
IS65-40-200A	15	4.17	42		5.5	Y132S₁-2	56			
	22	6.1	38							
	28	7.78	35							
IS65-40-250	17	4.72	86		15	Y160M₂-2	48		250	74
	25	6.94	80							
	32	8.9	72							

型 号	流 量 Q (m³/h)	(l/s)	扬程 H (m)	转速 n (r/min)	配电动机 功率 (kW)	型 号	效率 η (%)	吸程 H (m)	叶轮直径 (mm)	重量 (kg)
IS65-40-250A	15	4.17	66		11	Y160M$_1$-2	46			74
	22	6.1	61							
	28	7.78	56							
IS65-40-315	17	4.72	140		30	Y200L$_1$-2	39		315	
	25	6.94	125							
	32	8.9	115					7		
IS65-40-315A	16	4.44	125		22	Y180M-2	38			82
	23.5	6.53	111							
	30	8.33	102							
IS65-40-315B	15	4.17	110		18.5	Y160L-2	37			
	22	6.1	97							
	28	7.78	90							
IS80-65-125	31	8.61	22		5.5	Y132S$_1$-2	76		125	
	50	13.9	20							
	64	17.8	18							36
IS80-65-125A	28	7.78	17		4	Y112M-2	75			
	45	12.5	15							
	58	16.11	13							
IS80-65-160	31	8.61	35		7.5	Y132S$_2$-2	73		160	
	50	13.9	32							
	64	17.8	28							42
IS80-65-160A	28	7.78	27	2900	5.5	Y132S$_1$-2	72			
	45	12.5	24							
	58	16.11	22							
IS80-50-200	31	8.61	55		15	Y160M$_2$-2	69		200	
	50	13.9	50							
	64	17.8	45							45
IS80-50-200A	28	7.78	42		11	Y160M$_1$-2	67	6.6		
	45	12.5	38							
	58	16.1	35							
IS80-50-250	31	8.61	86		22	Y180M-2	62		250	
	50	13.9	80							
	64	17.8	72							78
IS80-50-250A	28	7.78	66		18.5	Y160L-2	60			
	45	12.5	61							
	58	16.1	56							
IS80-50-315	31	8.6	140		45	Y225M-2	52		315	87
	50	13.9	125							
	64	17.8	115							
IS80-50-315A	29.5	8.2	125		37	Y200L$_2$-2	51			87
	47.5	13.2	111							
	61	16.9	102							
IS80-50-315B	28	7.78	110		30	Y200L$_1$-2	50			87
	45	12.5	97							
	58	16.1	90							

型　号	流　量 Q		扬程 H (m)	转速 n (r/min)	配电动机		效率 η (%)	吸程 H (m)	叶轮直径 (mm)	重量 (kg)
	(m³/h)	(l/s)			功率 (kW)	型　号				
IS100-80-106	65	18.1	14		5.5	Y312S₁-2	78		106	38
	100	27.8	12.5							
	125	34.7	11							
IS100-80-106A	58	16.1	10.5		4	Y112M-2	76			38
	90	25	9.5							
	112	31.1	8.7							
IS100-80-125	65	18.1	22		11	Y160M₁-2	81		125	
	100	27.8	20							
	125	34.7	18							42
IS100-80-125A	58	16.1	17		7.5	Y132S₂-2	79			
	90	25	15							
	112	31.1	13							
IS100-80-160	65	18.1	35		15	Y160M₂-2	79		160	
	100	27.8	32							
	125	34.7	28							60
IS100-80-160A	58	16.1	27		11	Y160M₁-2	77			
	90	25	24							
	112	31.1	22							
IS100-65-200	65	18.1	55	2900	22	Y180M-2	76	5.8	200	
	100	27.8	50							
	125	34.7	45							71
IS100-65-200A	58	16.1	42		18.5	Y160L-2	74			
	90	25	38							
	112	31.1	35							
IS100-65-250	65	18.1	86		37	Y200L₂-2	72		250	
	100	27.8	80							
	125	34.7	72							84
IS100-65-250A	58	16.1	66		830	Y200L₁-2	71			
	90	25	61							
	112	31.1	56							
IS100-65-315	65	18.1	140		75		65		315	
	100	27.8	125							
	125	34.7	115							
IS100-65-315A	61	16.9	125		55		64			100
	95	26.4	111							
	118	32.8	102							
IS100-65-315B	58	16.1	110		45		63			
	90	25	97							
	112	31.1	90							

型　号	流　量　Q		扬程 H	转速 n	配 电 动 机		效率 η	吸程 H	叶轮直径	重量
	(m³/h)	(l/s)	(m)	(r/min)	功率 (kW)	型　号	(%)	(m)	(mm)	(kg)
IS150-100-250	130	36.1	86		75		78		250	
	200	55.6	80							
	250	69.4	72							95
IS150-100-250A	115	31.9	66		55		76			
	176	48.9	61							
	220	61.1	56							
IS150-100-315	130	36.1	140	2900	110		74	4.5	315	
	200	55.6	125							
	250	69.4	115							
IS150-100-315A	122	33.9	125		90		73			115
	188	52.2	111							
	235	65.3	102							
IS150-100-315B	115	31.9	110		75		72			
	176	48.9	97							
	220	61.1	90							
IS50-32-125	4	1.11	5.5		0.25		55		125	
	6.25	1.74	5							
	8	2.22	4.5							32
IS50-32-125A	3.5	0.97	4.2		0.25		53			
	5.5	1.53	3.7							
	7	1.94	3.3							
IS50-32-160	4	1.11	8.7		0.37		48		160	
	6.25	1.74	8							
	8	2.22	7.2							37
IS50-32-160A	3.5	0.97	6.7	1460	0.25		47	8		
	5.5	1.53	6							
	7	1.94	5.5							
IS50-32-200	4	1.11	14		0.75		39		200	
	6.25	1.74	12.5							
	8	2.22	11							41
IS50-32-200A	3.5	0.97	10.5		0.55		37			
	5.5	1.53	9.5							
	7	1.94	8.7							
IS50-32-250	4	1.11	22		1.5		31		250	72
	6.25	1.74	20							
	8	2.22	18							

型 号	流 量 Q		扬程 H (m)	转速 n (r/min)	配 电 动 机		效率 η (%)	吸程 H (m)	叶轮直径 (mm)	重量 (kg)
	(m³/h)	(l/s)			功率 (kW)	型 号				
IS50-32-250A	3.5	0.97	17		1.1		30	8		72
	5.5	1.53	15							
	7	1.94	13							
IS65-50-125	8	2.22	5.5		0.37		64		125	34
	12.5	3.47	5							
	16	4.44	4.5							
IS65-50-125A	7	1.94	4.2				62			
	11	3.06	3.7							
	14	3.89	3.3							
IS65-50-160	8	2.22	8.7		0.55		60		160	40
	12.5	3.47	8							
	16	4.44	7.2					7.8		
IS65-50-160A	7	1.94	6.2		0.37		58			
	11	3.06	6							
	14	3.89	5.5							
IS65-40-200	8	2.22	14	1460	1.1		53		200	43
	12.5	3.47	12.5							
	16	4.44	11							
IS65-40-200A	7	1.94	10.5		0.75		51			
	11	3.06	9.5							
	14	3.89	8.7							
IS80-65-125	17	4.72	5.5		0.55		72		125	36
	25	6.94	5							
	32	8.89	4.5							
IS80-65-125A	15	4.17	4.2				70			
	22	6.11	3.7							
	28	7.78	3.3							
IS80-65-160	17	4.72	8.7		1.1		69	7.6	160	42
	25	6.94	8							
	32	8.89	7.2							
IS80-65-160A	15	4.17	6.7		0.75		67			
	22	6.11	6							
	28	7.78	5.5							
IS80-50-200	17	4.72	14		1.5		65		200	45
	25	6.94	12.5							
	32	8.89	11							

型 号	流 量 Q		扬程 H (m)	转速 n (r/min)	配 电 动 机		效率 η (%)	吸程 H (m)	叶轮 直径 (mm)	重量 (kg)
	(m³/h)	(l/s)			功率 (kW)	型 号				
IS80-50-200A	15	4.17	10.5		1.1		63	7.6		45
	22	6.11	9.5							
	28	7.78	8.7							
IS100-80-125	31	8.61	5.5				78		125	
	50	13.9	5							42
	64	17.8	4.5							
IS100-80-125A	28	7.78	4.2		0.75		76			
	45	12.5	3.7							
	58	16.1	3.3							
IS100-80-160T	31	8.61	8.7		2.2		76			42
	50	13.9	8					7.3		
	64	17.8	7.2							
IS100-80-160TA	28	7.78	6.7		1.5		74			
	45	12.5	6							
	58	16.1	5.5							
IS100-65-200T	31	8.61	14	1460	3		73			46
	50	13.9	12.5							
	64	17.8	11							
IS100-65-200TA	28	7.78	10.5		2.2		72			
	45	12.5	9.5							
	58	16.1	8.7							
IS100-100-125	65	18.1	5.5		2.2		82		125	
	100	27.8	5							43
	125	34.7	4.5							
IS100-100-125A	58	16.1	4.2		1.5		80			
	90	25	3.7					6.8		
	112	31.1	3.3							
IS100-100-160	65	18.1	8.7		4		80		160	47
	100	27.8	8							
	125	34.7	7.2							
IS100-100-160A	58	16.1	6.7		3		78			
	90	25	6							
	112	31.1	5.5							
IS150-125-160	130	36.1	8.7		7.5	Y132S₂-2	84	5.8	160	76
	200	55.6	8							
	250	69.4	7.2							

型 号	流 量 Q		扬程 H (m)	转速 n (r/min)	配 电 动 机		效率 η (%)	吸程 H (m)	叶轮 直径 (mm)	重量 (kg)
	(m³/h)	(l/s)			功率 (kW)	型 号				
IS150-125-160A	115	31.9	6.7		5.5	Y132S₁-2	82			76
	176	48.9	6							
	220	61.1	5.5							
IS150-125-200	130	36.1	14		11	Y160M-4	82		200	
	200	55.6	12.5							
	250	69.4	11							85
IS150-125-200A	115	31.9	10.5		7.5	Y132M-4	80			
	176	48.9	9.5							
	220	61.1	8.7							
IS150-125-250	130	36.1	22		18.5	Y180M-4	81		250	
	200	55.6	20							
	250	69.4	18							120
IS150-125-250A	115	31.9	17		15	Y160L-4	79	5.8		
	176	48.9	15							
	220	61.1	13							
IS150-125-315	130	36.1	35		30	Y200L-4	78		315	
	200	55.6	32	1460						
	250	69.4	28							140
IS150-125-315A	115	31.9	27		22	Y180L-4	76			
	176	48.9	24							
	220	61.1	22							
IS150-125-400	130	36.1	55		45		74		400	
	200	55.6	50							
	250	69.4	45							160
IS150-125-400A	115	31.9	42		37		72			
	176	48.9	38							
	220	61.1	35							
IS200-150-200	230	63.9	14		18.5	Y180M-4	85		200	
	315	87.5	12.5							
	380	105.6	11							135
IS200-150-200A	210	58.3	10.5		15	Y160L-4	82	4.5		
	280	77.8	9.5							
	340	94.4	8.7							
IS200-150-250	230	63.9	22		30	Y200L-4	85		250	160
	315	87.5	20							
	380	105.6	18							

型号	流量 Q (m³/h)	流量 Q (l/s)	扬程 H (m)	转速 n (r/min)	配电动机 功率 (kW)	配电动机 型号	效率 η (%)	吸程 H (m)	叶轮直径 (mm)	重量 (kg)
IS200-150-250A	210	58.3	17		18.5	Y180M-4	83			160
	280	77.8	15							
	340	94.4	13							
IS200-150-315	230	63.9	35		45		83		315	
	315	87.5	32							
	380	105.6	28							190
IS200-150-315A	210	58.3	27	1460	37		81	4.5		
	280	77.8	24							
	340	94.4	22							
IS200-150-400	230	63.9	55		75		80		400	
	315	87.5	50							
	380	105.6	45							215
IS200-150-400A	210	58.3	42		55		78			
	280	77.8	38							
	340	94.4	35							

作业面潜水电泵性能 表 3-21

型号	流量 Q (m³/h)	流量 Q (l/s)	扬程 H (m)	转速 n (r/min)	泵轴功率 N (kW)	配电动机功率 (kW)	效率 η (%)	叶轮直径 D (mm)	额定电压 (V)	绝缘等级	泵重 (kg)
QY-3.5	80.0～120	22.2～33.3	2.0～6.0			2.2		380	E	45
QY-7	50.0～90.0	13.9～25.0	4.5～10.0							50
QY-15	15.0～32.0	4.17～8.9	10.0～20.0	2800						55
QY-25	10.0～22.0	2.8～6.1	20.0～30.0							
YQX-11	11.0	3.05	10			0.75			220	13
YQX-5	5.0	1.39				0.3				12
QD78-45	7.8	2.17	4.5			0.25			220	18
QD78-65			6.5			0.4				
JB2 $\frac{1}{2}$-14-H	40	11.1	15			4			380	65
500ZDB-81	2700-1370	750-380.5	5.6-9.44	980						700
QSG-1300-1000 100～500	850～1000	236.1～277.8	85～100	1470			72	220 或 600		

型 号	流 量 Q		扬程 H (m)	转速 n (r/min)	泵轴功率 N (kW)	配电动机功率 (kW)	效率 η (%)	叶轮直径 D (mm)	额定电压 (V)	绝缘等级	泵重 (kg)
	(m³/h)	(l/s)									
$1\frac{1}{2}$WQ-15$\frac{A}{B}$	3.5	0.972	15	2800		0.37	40		380 或 220	E	A12 B13
WQ-6	8.5	2.36	18		0.661	1	63	132	380		18
WQ-6A	8	2.22	14		0.491	0.75	62	120	220		
1.5Z$_2$-10	18	5	14			1.5			380		22
7.5JQB$_3$-9	38~48	10.5~13.3	30~37			7.5			380		总重 105
B$_4$-18	54~114	15~31.7	12~24			7.5			380		105
B$_6$-32	142~75	39.4~20.8	10~18			7.5			380		105
B$_8$-97	288	80	4~6			7.5			380		105

如果查得有两种型号的水泵均可适用，应选用效率高、价格便宜和配套功率小的水泵。

2. 动力机械的选择

动力机械可选用电动机或柴油机，有电的地方应尽量选用电动机。

考虑到传动损失和扬程变化等因素，动力机械的功率应大于水泵的轴功率（一般大 10%~20%）。

$$配套功率(kW) = (1.1 \sim 1.2) \times 水泵的轴功率(kW)$$

3. 传动装置的选择

大多数水泵的转速是按三相异步电动机的转速决定的。电动机的转速有 3000、1500、1000、750r/min 等若干级，水泵的转速也有这些级，但是比电动机的同步转速略小，所以电动水泵一般采用直接传动。

如果电动机和柴油机的转速和水泵的转速相差很大时，就需要用平皮带或三角皮带传动。

4. 管路和附件的选择

在给水工程中已讲过，管路是有损失扬程的。当管路直径一定时，水的流量越大，流速也越大，损失扬程就越大。这种损失扬程的大小和流量（或流速）的平方成正比例，目前使用的水泵，进口流速大约 3~3.5m/s，出口流速大约在 4m/s 以上。如果进出水管和水泵口径一样粗，这样大的流速会在管路中产生很大损失的扬程，这是不适当的，因为流量等于流速乘管路截面积（流速等于管路截面积除流量）。

管路的直径一般比水泵的口径略大，借以降低水在管路中的流速，减少扬程损失。管路截面积太大时，当然也不好。实践证明，水在进水管路中的流速不宜超过 2m/s，水在出水管路中的流速不宜超过 3m/s。因为管路截面积(m²) 等于流速(m/s)除流量(m³/s)，所以在选择管路的时候，可以根据流量，用上面的算式粗略估计一下进出水管的管径，然后查阅管路规格，选用较大的直径。

进水管路的直径(mm)不小于 $800\sqrt{流量(m^3/s)}$

出水管路的直径(mm)不小于 $620\sqrt{流量(m^3/s)}$

一般水泵直径在 10cm 以下时，管路直径基本同水泵直径，当水泵直径在 15cm 以上时，管路直径应选用大于水泵直径。

因为管路的直径比水泵口径大，所以在水泵出入口必须有渐变管。渐变管的长度应根据大头直径和小头直径的差来决定，一般是大小头直径差数的 7 倍。水泵出口处的渐扩管可以是同心式的。水泵入口处的渐细管应做成偏心式的，以便装上以后，上面保持水平。

选择管路时应尽量少用弯头。尽可能减少阀门，止逆阀和不采用底阀等。以减少水头损失。

第二节　种植、养护工程机械

在绿化工程中，种植和养护是两个主要的工作环节，也是耗费人力比较多、劳动强度比较大，因而也亟须机械化。

一、种植机械

（一）挖坑机

挖坑机又叫穴状整地机，主要用于栽植乔灌木、大苗移植时整地挖穴，也可用于挖施肥坑、埋设电杆、设桩等作业。使用挖坑机每台班可挖 800～1200 个穴，而且挖坑整地的质量也较好。

挖坑机的类型按其动力和挂结方式的不同可分为：悬挂式挖坑机和手提式挖坑机。

1. 悬挂式挖坑机

图 3-22 是悬挂在拖拉机上，由拖拉机的动力输出轴通过传动系统驱动钻头进行挖坑作业，包括机架、传动装置、减速箱和钻头等几个主要部分。传动装置由万向节和安全离合器组成。当挖坑机工作时，钻头突然遇到障碍物，安全离合器自动切断动力，以保护机器不受损坏。

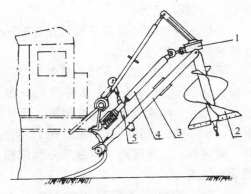

图 3-22　WD80 型悬挂式挖坑机
1—减速箱；2—钻头；3—机架；
4—传动轴；5—升降油缸

减速箱的任务是把发动机动力输出轴的转速进行减速并增加转矩，以满足挖坑机的挖坑技术要求。拖拉机动力挖坑机上通常采用圆锥齿轮减速器，直径为 200～1000mm 的螺旋钻头的转速，通常可取转速为 150～280r/min。

挖坑机的工作部件是钻头。用于挖坑的钻头，为螺旋型。工作时螺旋片将土壤排至坑外，堆在坑穴的四周。用于穴状整地的钻头为螺旋齿式，也叫作松土型钻头。工作时钻头破碎草皮，切断根系，排出石块，疏松土壤。被疏松的土壤不排出坑外面，而留在坑穴内。

悬挂式挖坑机主要技术参数，见表3-22。

悬挂式挖坑机主要技术参数　　　　　　　　表 3-22

主 要 指 标		型　　号					
		WD80	W80C	WKX-80	W45D	IWX-80(50)	ZWX-70
外形尺寸(mm)	长(钻头至联结中心)	2120	2100	2530	1800	2270	1900
	宽	800	800	1280	600	800	460
	高(运输状态)	2440	2000	1380	1750	1700	1500
重量(kg)		298	293	300	310	270	200
钻头	直径(mm)	790	790	820	450	790、490	700
	长(mm)	1157	1090	770	700	1090	900
	螺旋头数	2	2	2	2	2	
	转速(r/min)	184	154	144	280	175、132	250
运输间隙(mm)		570	485	300	480	>300	>300
挖坑直径(mm)		800	800	830	450	800，500	700
挖坑深度(mm)		800	800	720	450	800	600
出土率(%)		>90	>90	>90	>90	>90	
生产率(坑/班)		900～1000	800～1000		1400～1600	500～700	100～120坑/h
配套动力		东方红－54	丰收－35	丰收－37	丰收－35	东风－50	东风－30

2. 手提式挖坑机

手提式挖坑机主要用于地形复杂的地区植树前的整地或挖坑。

手提式挖坑机如图3-23，是由小型二冲程汽油发动机为动力，其特点是重量轻，马力大，结构紧凑，操作灵便，生产率高。手提式挖坑机通常由发动机、离合器、减速器、工作部件、操纵部分和油箱等部分组成。

手提式挖坑机主要技术参数，见表3-23。

（二）开沟机

开沟机除用于种植外，还用于开掘排水沟渠和灌溉沟渠，主要类型有铧式和旋式两种。

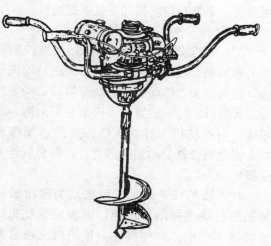

图 3-23　W-3 型动力挖坑机

铧式开沟机由大中型拖拉机牵引，犁铧入土后，土垡经翻土板、两翼板推向两侧，侧压板将沟壁压紧即形成沟道。其结构简图如图3-24。

项 目	型 号				
	W3	ZB5	ZB4	ZB3	ZW5
发动机型号	O51	1E52F	YJ4	O51	IE52F
最大功率(kW/r/min)	2.2/1500	3.7/6000	3/6000	2.2/5000	3.7/6000
汽油、机油混合比	15∶1	15∶1	20∶1	15∶1	15∶1
起动方式	起动器	拉绳	拉绳	起动器	拉绳
离合器结合转速(r/min)	2000～2200	2800	2800	2800	2800
减速器型式	齿轮	摆线针齿	摆线针齿	摆线针齿	蜗杆蜗齿
减速比	21.96∶1	26∶1	26∶1	26∶1	26∶1
钻头类型	挖坑型	挖坑型	挖坑型	整地型	整地型
挖坑直径(mm)	280～320	320	320	450	450
最大深度(mm)	450	450	450	400	400
钻头转速(r/min)	228	230	230	230	230
重量(kg)	20	13.5	13.5	14.5	14.1
操作人数	2	2	2	2	2
生产率(穴/h)	150～400			400～500	400～500

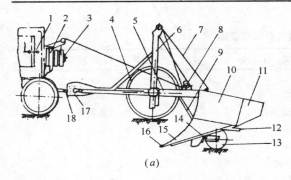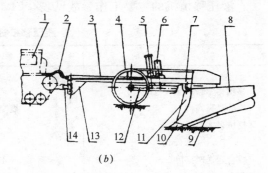

图 3-24 开沟机

(a)K-90 开沟犁

1—操纵系统；2—绞盘箱；3—被动锥形轮；4—行走轮；5、6—机架；7—钢索；8—滑轮；9—分土刀；10—主翼板；
11—副翼板；12—压道板；13—尾轮；14—侧压板；15—翻土板；16—犁尖；17—拉板；18—牵引钩

(b)K-40 液压开沟犁

1—拖拉机；2—橡胶软管；3—机架；4—行走轮；5—限深梁；6—油缸；7—连接板；
8—犁壁；9—侧压板；10—犁铧；11—分土刀；12—拐臂；13—牵引拉板；14—牵引环

　　旋转圆盘开沟机是由拖拉机的动力输出轴驱动，圆盘旋转抛土开沟。其优点是牵引阻力小、沟形整齐、结构紧凑、效率高。圆盘开沟机有单圆盘式和双圆盘式两种。双圆盘开沟机组行走稳定，工作质量比单圆盘开沟机好，适于开大沟。旋转开沟机作业速度较慢（200～300m/h），需要在拖

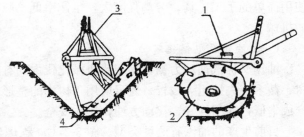

图 3-25 单圆盘旋转开沟机

1—减速箱；2—开沟圆盘；3—悬挂机架；4—切土刀

拉机上安装变速箱减速。图 3-25 系单圆盘旋转开沟机结构示意。

（三）液压移植机

液压移植机是用液压操作供大乔灌木移植用的，亦称为自动植树机。

图 3-26 是液压移植机。它的起树和挖坑工作部件为四片液压操纵的弧形铲，所挖坑形呈圆锥状。机上备有给水桶，如土质坚硬时，可一边给水一边向土中插入弧形铲以提高工作效率。

图 3-26 液压移植机

液压移植机在国外使用普遍，分自行式或牵引式两类。自行式多以汽车、拖拉机为底盘组装而成；牵引式的作业机与汽车、拖拉机用销子连结，其本身备有专用的动力机。

液压移植机的型号很多。我国引进美国的液压移植机挖坑直径为 198cm，深 145cm，能移植胸径 25cm 以下的树木。

液压移植机的主要工作参数见表 3-24。

液压移植机主要工作参数　　　　　　　　　　　　　表 3-24

型　　号	大约翰（美）自行式	巴米亚 T_s-30 牵引式
移植树木最大胸径(cm)	25	8
树的最高高度	视交通条件	视交通条件
挖坑最大直径(cm)	198	75
深(cm)	145	80
收合运送时高度(cm)	407.7	240
收合运送时宽度(cm)	224.2	188
移植机重(kg)	5221	1500

二、整修机械

整形修剪是植物养护中一项重要工作，它直接影响到植物的外观以及生长和寿命。不单乔木需要整修，灌木、花卉及地被植物均要整修。用来整修植物的机具很多，但主要是使用简单的手工工具，劳动强度大，生产率低，亟待改革。现介绍几种国内生产用于整修的机械。

（一）油锯及电链锯

油锯又称汽油动力锯，是现代机械化伐木的有效工具。在园林生产中不仅可以用来伐树、截木、去掉粗大枝杈，还可应用于树木的整形、修剪。油锯的优点是：生产率高，生产成本低，通用性好，移动方便，操作安全。

目前生产的油锯有两种类型。图 3-27(a) 是 015 型油锯，又称高把油锯。它的锯板可根据作业需要调整成水平或垂直状态。它的锯架把手是高悬臂式的，操作者以直立姿势平稳地站着工作，无须大弯腰，可减轻操作时的疲劳。图 3-27(b) 是 YJ-4 型油锯，它的锯板在锯身上所处的状态是不可改变的，由于采用了特殊的构造，保证了油锯在各种操作状态下均能正常工作。因此操作姿势可随意。这种型式的锯更适于园林生产的需要。

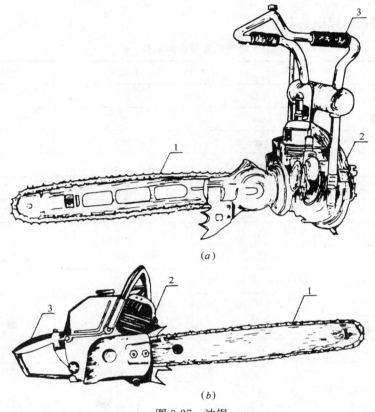

图 3-27 油锯

(a)015 型油锯；(b)YJ-4 型油锯

1—锯木机构；2—发动机；3—把手

油锯的技术规格性能见表 3-25。

油锯几项技术规格　　　　　　　　　　　　　表 3-25

项　　目		单位	015 型	LJ-5 型	DJ-85	CY-5	YJ-4
锯身长度		mm	440			580	407
最大锯截树径		mm	880			1160	约 1000
伐木时离地最小高度		mm	50			5	
锯齿速度		m/s	4.5		10.5	11.5	
汽油机	型　号		0.51	LJ5	DJ-85	CY5	YJ4
	功　率	kW	2.2	3.7	3.7	3.7	3
	转　速	r/min	5000		7000	7000	6000
生产率			约 300cm/s 伐 45cm 云杉			约 45s(松树直径为 60cm 时)	
外形尺寸		mm	830×430×330		860×452×466	837×246×320	860×295×320
油锯重量		kg	11.5	11.5	11.8	10.5	9.5

还有一种用途与工作装置和油锯相同的锯——电链锯，其不同点是动力是电动机。电链锯具有重量轻、振动小、噪声弱等优点，是园林树木修剪较理想的机具，但需有电源或供电机组，一次投资成本高。

电链锯主要技术规格见表3-26。

电链锯主要技术规格 表 3-26

项 目		单 位	M2L2-950	M3L2-950
锯链速度		m/s	5.5	4.2
导板最大工作长度		mm	475	475
锯木最大直径		mm	950	950
锯口宽		mm	7.2	7.2
电动机	功 率	kW	1.5	1.0
	电 压	V	220	380
	电 流	A	7.5	2.53
	频 率	Hz	200	50
	转 速	r/min	12000	3000
外形尺寸	工作状态	mm	690×290×560	670×335×565
	折转状态		230×290×600	265×335×580
重 量		kg	9.5	11

（二）小型动力割灌机

割灌机主要清除杂木、剪整草地、割竹、间伐、打杈等。它具有重量轻、机动性能好、对地形适应性强等优点，尤适用于山地、坡地。

小型动力割灌机可分为手扶式和背负式两类，背负式又可分侧挂式和后背式两种。一般由发动机、传动系统、工作部分及操纵系统四部分组成，手扶式割灌机还有行走系统。

目前，小型动力割灌机的发动机大多采用单缸二冲程风冷式汽油机，发动机功率在0.735～2.2kW范围内。传动系统包括离合器、中间传动轴、减速器等。中间传动轴有硬轴和软轴两种类型。侧挂式采用硬轴传动，后背式采用软轴传动。

图 3-28 是 DG-2 型割灌机，由发动机、传动系统、工作部分及操纵系统四部分组成。

DG-2 型割灌机的工作部件有两套，一套是圆锯片，用于切割直径 3～18cm 的灌木和立木。另一套是刀片。圆形刀盘上均匀安装着三把刀片，刀片的中间有长槽，可以调节刀片的伸长度。主要用于割切杂草、嫩枝条等。切割嫩枝条时可伸出长些，切割老或硬的枯枝时可伸出短些。但必须保证三片刀伸出长度相同。刀片只用于切割直径为 3cm 以下的杂草及小灌木。

割灌机技术规格见表3-27。

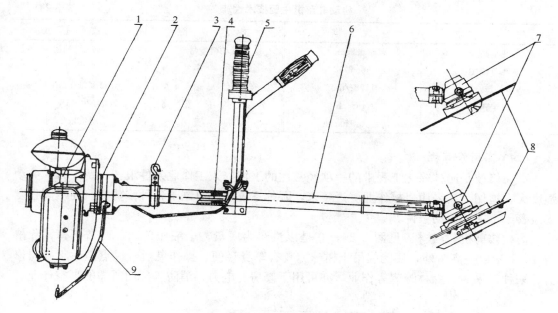

图 3-28　DG-2 型割灌木机总图

1—发动机；2—离合器；3—吊挂机构；4—传动部分；5—操纵手油门；

6—套管；7—减速箱；8—工作件；9—支脚

小型割灌机技术规格　　　　　　　　　　　　　表 3-27

技　术　规　格		单位	型　　号		
			ML-1 型	DG2 型	DG3 型
圆盘、直径×厚度		mm	$\phi200×1.25$ $\phi250×1.25$	$\phi255×1.25$	$\phi255×1.25×25$ 割草刀片、整体式（七齿）
锯片（刀片）旋转方向			顺时针	顺时针	顺时针
离合器啮合转速		r/min	3500	2800～3200	2800～3000
允许切割林木根径		mm	$\phi30～\phi50$	$\phi180$	$\phi180$
配用汽油机	型　号		IE32F	IE40F	IE40FA
	功　率	kW	0.6	1.2	1.9
	转　速	r/min	6000	5000	7000
携带方式			侧挂式	侧挂式	侧挂式
操作人数		人	1	1	1
外形尺寸：长×宽×高		mm	1692×520×475	1600×540×600	1600×545×580
机常重量		kg	7.8	11	11

（三）动力轧草机

轧草机主要用于大面积草坪的整修。轧草机进行轧草的方式有两种：一种是滚刀式，一种是旋刀式。国外轧草机型号种类繁多。我国各地园林工人亦试制成功多种轧草机对大面积草坪整修，基本实现了机械化。但还没有定型产品，仅将上海园林机动轧草机主要技术性能表介绍如下，见表3-28。

技 术 性 能	数 据	技 术 性 能	数 据
轧草高度	±8cm	发动机型号	F165 汽油机
轧草幅度	50cm/次	功 率	2.2kW
列刀转速	1178r/min	转 速	1500r/min
行走速度	4km/h	外形尺寸：长×宽×高	280×70×180cm
生产率	±0.1ha/h	机 重	120kg

（四）高树修剪机

高树修枝是园林绿化工程中的一项经常性的工作，人工作业条件艰苦、费工时、劳动强度大，迫切需要采用机械作业。近年来，园林系统革新研制了各种修剪机，在不同程度上改善了工人的劳动条件。

高树修剪机（整枝机）见图 3-29，它是以汽车为底盘，全液压传动，两节折臂，除修剪 10 多米以下高树外，还能起吊土树球。具有车身轻便、操作灵活等优点。适于高树修剪、采种、采条、森林瞭望等作业，亦可用于修房、电力、消防等部门所需的高空作业。

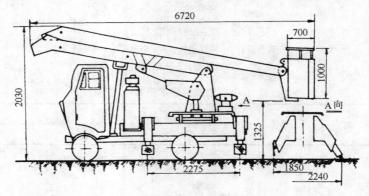

图 3-29   SJ-12 型高树修剪机外形图

高树修剪机由大、小折臂、取力器、中心回转接头、转盘、减速机构，绞盘机、吊钩、支腿、液压系统等部分组成。大、小臂可在 360°空间内运动，其动作可以在工作斗和转台上分别操纵。工作斗采用平行四连杆机构，大、小臂伸起到任何位置，工作斗都是垂直状态，确保了斗内人员的安全。为了防止作业时工人触电，四个支腿外设置绝缘橡胶板与地隔开。

高树修剪机的主要技术参数见表 3-29。

型 号		SJ-16	YZ-12	SJ-12
型 式		折臂	折臂	折臂
传动方式		全液压	全液压	全液压
底 盘		CA—10B（"交通"驾驶室）	CA—10B	BJ—130
最高升距(m)		16	12	12
起重量	工作斗（kg）	300	200	200
	吊钩(t)	2	2	4.3

型　　号	SJ-16	YZ-12	SJ-12
主臂长度(m)	6.5	5	4.3
支腿数(个)	蛙式 4	蛙式 4	V式 4
动力油泵类型	40 柱塞泵	40 柱塞泵	40 柱塞泵
回转角度(度)	360	360	360
整机自重(t)	9.8	7.6	3.6

三、浇灌机械

浇灌作业是一项花费劳动力很大的作业。在绿化养护和苗木、花卉生产中，几乎占全部作业量的 40%。由此可见浇灌作业机械化是十分重要的降低成本提高生产率的措施。

喷灌是一种较先进的浇灌技术。它是利用一套专门设备把水喷到空中，然后像自然降雨一样落下，对植物进行灌溉，又称人工降雨。喷灌适用在水源缺乏、土壤保水性差及不宜于地面灌溉的丘陵、山地等，几乎所有园林绿地及场圃均可应用。

喷灌和地面灌溉比较，有以下优点：

(1) 节约用水，一般可省水 50%。

(2) 对土地无平整要求，落水均匀。

(3) 减少了灌溉沟渠，提高土地利用率。

(4) 不破坏土壤结构，保土保肥，防止土壤被冲刷和盐碱化。

(5) 能提高灌溉的机械化程度，减轻劳动强度，节约大量劳动力。

其缺点是风大时受影响较大，设备投资大。

由于喷灌有显著的优越性，在园林绿地及场圃已经开始大量使用。

喷灌系统一般由水源、抽水装置（包括水泵等）、动力机、主管道（包括各种附件）、竖管、喷头等部分组成。喷灌机械按其各组成部分的安装情况及可转动程度，可分为固定式、移动式和半固定式三种形式。

由抽水装置、动力机及喷头组合在一起的喷灌设备称作喷灌机械。

喷灌机按喷头的压力，可分为远喷式和近喷式两种。

近喷式喷灌机的压力较小，一般为 $0.5\sim3\text{kg/cm}^2$，射程 $R=5\sim20\text{m}$，喷水量 $Q=5\sim20\text{m}^3/\text{h}$。

远喷式喷灌机的压力 $H=3\sim5\text{kg/cm}^2$。喷射距离 $R=15\sim50\text{m}$，$Q=18\sim70\text{m}^3/\text{h}$。高压远喷式灌机其工作压力 $H=6\sim8\text{kg/cm}^2$。喷射距离 $R=50\sim80\text{m}$ 甚至 100m 以上，喷水量 $Q=70\sim140\text{m}^3/\text{h}$。

喷灌机一般包括发动机（内燃机、电动机等）、水泵、喷头等部分，见图 3-30。

喷头（喷灌器）是喷灌机与喷灌系统的主要组成部分，它的作用是把有压力的集中水流喷射到空中，散成细小的水滴并均匀地散布在它所控制的灌溉面积上，因此喷头的结构形式及

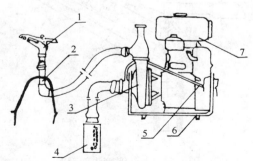

图 3-30　喷灌机示意图

1—喷头；2—出水部分；3—水泵；4—吸水部分；

5—自吸机构；6—抬架；7—发动机

其制造质量的好坏将直接影响喷灌的质量。

喷头的种类很多，按其工作压力及控制范围的大小可分类如表 3-30 所列。

喷头按工作压力与射程分类表 表 3-30

项 目	低压喷头	中压喷头	高压喷头
	近射程喷头	中射程喷头	远射程喷头
工作压力（kg/cm²）	1～3	3～5	>5
流量（m³/h）	0.3～11	11～40	>40
射程（m）	5～20	20～40	>40

按照喷头的结构形式与水流形状可以分为射流式、固定式、孔管式等。

（一）射流式喷头

射流式喷头又称为旋转式喷头，是目前用得最普遍的一种喷头形式。一般由喷嘴、喷管（体）、粉碎机构、转动机构、扇形机构、弯头、空心轴、套轴等部分组成。射流式喷头是使压力水流通过喷管及喷嘴形成一股集中的水舌射出，由于水舌内存在涡流又在空气阻力及粉碎机构的作用下水舌被粉碎成细小的水滴，并且转动机构使喷管和喷嘴围绕竖轴缓慢旋转，这样水滴就会均匀地喷洒在喷头的四周，形成一个半径等于喷头射程的圆形或扇形的湿润面积。

转动机构和扇形机构是射流式喷头的重要部件。因此常根据转动机构的特点对射流式喷头进行分类，常用的形式有摇臂式（图 3-31）、叶轮式（图 3-32）和反作用式。又可以根据是否装有扇形机构（亦即是否能作扇形喷灌）而分成全圆周转动的喷头和可以进行扇形喷灌的喷头两大类，供不同场合下选用。

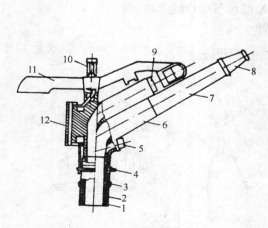

图 3-31 龙江型喷头剖面图

1—钢套；2—轴承；3—铜套；4—挡环；5—小喷嘴；
6—喷体；7—射管；8—大喷嘴；9—中喷嘴；
10—弹簧；11—摇臂；12—控制机构

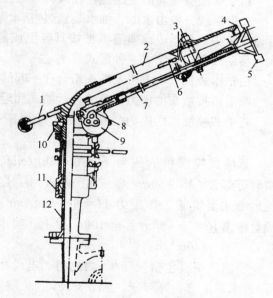

图 3-32 武喷 40-1 型喷灌机喷头结构图

1—手柄；2—喷管；3—夹叉；4—喷嘴；5—叶轮；
6—调节弹簧；7—叶轮轴；8—小蜗杆；
9—小蜗轮箱；10—大蜗轮；11—油封；12—锥管

近年来我国的喷灌事业蓬勃发展。喷头的种类、型号繁多,至今还没有统一的型号规范,现将 PY_1 系列喷头性能列表如表 3-31。

PY₁ 系列喷头性能表

表 3-31

型　号	喷嘴直径 （mm）	工作压力 （kg/cm²）	喷水量 （m³/h）	射　程 （m）	喷灌强度 （mm/h）
PY₁10	3	1.0	0.31	10.0	1.00
		2.0	0.44	11.0	1.16
	4*	1.0	0.56	11.0	1.47
		2.0	0.79	12.5	1.61
	5	1.0	0.87	12.5	1.77
		2.0	1.23	14.0	2.00
PY₁15	4	2.0	0.79	13.5	1.38
		3.0	0.96	15.0	1.36
	5*	2.0	1.23	15.0	1.75
		3.0	1.51	16.5	1.76
	6	2.0	1.77	15.5	2.35
		3.0	2.17	17.0	2.38
	7	2.0	2.41	16.5	2.82
		3.0	2.96	18.0	2.92
PY₁20	6	3	2.36	19.0	2.09
		4	2.75	21.6	1.88
	7*	3	3.05	20.8	2.24
		4	3.43	22.9	2.08
	8	3	4.01	22.4	2.54
		4	4.59	22.6	2.86
PY₁-30	9	3	4.95	24.2	2.70
		4	5.65	24.6	2.98
	10*	3	6.01	25.6	2.94
		4	6.91	26.6	3.11
	11	3	7.32	27.6	3.06
		4	8.45	28.5	3.31
	12	3	8.46	27.2	3.65
		4	9.85	28.5	3.86
PY₁40	12	3	9.49	27.7	3.94
		4.5	11.4	31.7	3.64
	13	3.5	10.6	28.6	4.13
		4.5	13.5	30.8	4.52
	14*	3.5	12.9	31.9	4.03
		4.5	14.7	32.5	4.43
	15	3.5	15.7	34.0	4.34
		4.5	17.5	35.1	4.53
	16	3	17.4	34.9	4.55
		4.5	19.6	36.2	4.78

型　　号	喷嘴直径 （mm）	工作压力 （kg/cm²）	喷水量 （m³/h）	射　程 （m）	喷灌强度 （mm/h）
PY₁50	16	4 5	17.9 20.1	37.2 38.7	4.11 4.26
	18*	4 5	22.6 25.2	38.9 40.0	4.75 5.03
	20	4 5	27.2 30.5	41.1 42.3	5.10 5.42
PY₁60	20	5 6	31.2 33.6	45.1 47.7	4.87 4.72
	22*	5 6	37.5 41.1	45.9 48.7	5.70 5.55
	24	5 6	44.5 48.6	48.1 51.1	5.95 5.75
PY₁80	26	6 7	55.7 60.6	56.8 57.1	5.51 5.86
	28	6 7	63.9 69.4	56.4 57.5	6.40 6.70
	30*	7 8	79.6 85.0	64.4 64.2	6.13 6.45
	32	7 8	90.6 96.7	63.8 66.3	7.10 7.00
	34	7 8	101 108	68.2 69.9	6.91 7.06

注：＊为标准喷嘴直径。

（二）漫射式喷头

这种喷头也称为固定式喷头，它的特点是在喷灌过程中喷头的所有部件都是固定不动的，而水流是在全圆周或部分圆周（扇形）同时向四周散开。和射流式喷头比较，由于它水流分散打不远，所以这种喷头一般射程短（5～10m），喷灌强度大（15～20mm/h 以上），多数喷头水量分布不均匀，近处喷灌强度比平均喷灌强度高得多，因此其使用范围受到很大限制，但其结构简单，没有转动部分，所以工作可靠。在公园、绿地、温室等处，还常有应用。漫射式喷头的结构形式很多，概括起来可以分为三类：折射式、缝隙式和离心式。

1. 折射式喷头

这种喷头一般由喷头、折射锥和支架组成，如图 3-33 所示。水流由喷嘴垂直喷出遇到折射锥即被击散成薄水层沿四周射出，在空气阻力作用下即形成细小水滴散落在四周地面上。喷嘴一般为直径 $d=5\sim15\text{mm}$ 的圆孔，其直径的大小根据所要求的喷灌强度及水滴大小来选定。在射程相同的情况下，为获得较大的喷灌强度就要选用较大的喷嘴直径。在工作压力相同的情况下，为获得较小的水滴就要选用较小的喷嘴直径。喷嘴下部一般是车有螺纹的短管以便与压力水管相连接。折射锥是一个锥角为 120°，锥高 6～13mm 的圆锥体。折射锥由支架支承倒置于喷嘴正上方，要求折射锥轴线和喷嘴轴线尽量重合，支架一般装在喷嘴外面 [(图 3-33(a)]。也有把支架装在喷管内 [图 3-33(b)]，加工要比外支架难一些，要尽量减少其对水流阻力，过水断面应大于喷嘴面积的 6～8 倍。

折射式喷头也可以做成扇形喷灌用的如图 3-33(c)。

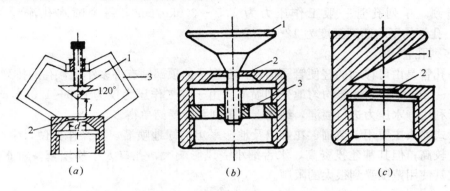

图 3-33　折射式喷头

(a)外支架的折射式喷头；(b)内支架的折射式喷头；(c)扇形喷灌的折射式喷头
1—散水锥；2—喷嘴；3—支架

2. 缝隙式喷头

图 3-34 所示的喷头是在管端开一定形状的缝隙，使水流能均匀地散成细小的水滴，缝隙与地面成 30°使水舌喷得较远。其工作可靠性比折射式要差，因为其缝隙易被污物堵塞，所以对水质要求较高，水在进入喷头之前要进行认真地过滤。但是这种喷头结构简单，制作方便，一般用作扇形喷灌用。

3. 离心式喷头

图 3-35 所示的喷头是由喷管和带喷嘴的蜗形外壳构成。这种喷头称为离心式喷头。水流顺蜗壳内壁表面的切线方向进入蜗壳，使水流绕垂直轴旋转，这样经过喷嘴射出的水膜同时具有离心速度和圆周速度，在空气阻力作用下水膜被粉碎成水滴散在喷头的四周。这种喷头喷出的水滴细而均匀，适于播种及幼苗喷灌用。

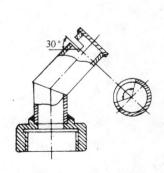

图 3-34　缝隙式喷头

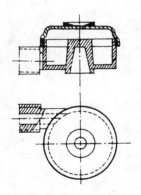

图 3-35　离心式喷头

（三）孔管式喷头

由一根或几根较小直径的管组成，在管子的顶部分布有一些小的喷水孔，喷水孔直径仅 2mm。根据喷水孔分布形式又可分为单列孔管和多列孔管两种。

1. 单列孔管

喷水孔成一直线等距排列，喷水孔间距为 50～150m，两根孔管之间距通常为 16m，孔管用支架架在田间并借助自动摆动器的作用可在 90°范围内绕管轴旋转，使得孔管两侧均可以喷到。单列孔管一般工作压力为 1.5～3.0kg/cm²，每个喷水孔流量 0.02～0.03l/s，孔管的平均喷灌强度为 12～14mm/h。

2. 多列孔管

多列孔管是由可移动的轻便管子构成，在管子的顶部钻有许多小孔，孔的排列可以保证两侧 6～15m 宽的土地能均匀地受到喷灌。由于其工作压力仅为 0.3～1.0kg/cm²，所以较适于利用静水压力进行喷灌，结构上比单列孔管要简单得多。

孔管式喷头主要用于苗圃、花圃以及地形平坦的绿地喷灌。其操作方便，生产率高，喷灌强度较高；但其基建投资高，水舌细小受风影响大，孔口太小易堵塞，对水质要求高，因此其使用范围受到很大的限制。

第四章 焊接工程的安全技术与管理

第一节 电焊安全技术

一、基本原理和安全特点

现代焊接技术中，利用电能转换为热能来加热金属的焊接方法，得到了最大的普及，电能加热的热源形式很多，如电弧的热、等离子弧的热、电阻热和电子冲击工件表面放出的热等，手工电弧焊就是利用电弧放电时产生的热量，熔化焊接材料和被焊接工件，从而获得牢固接头的焊接过程，如图 4-1 所示。

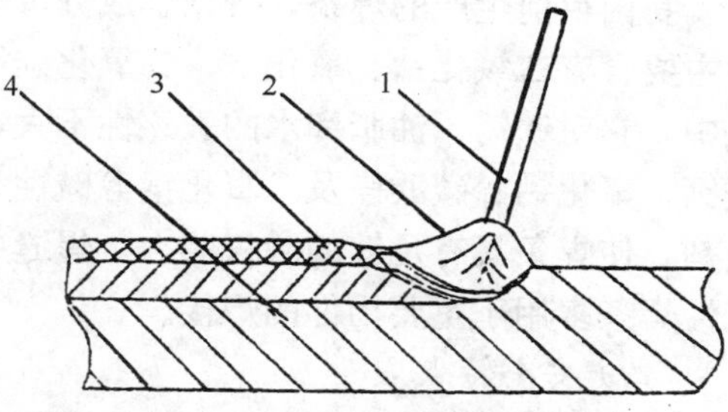

图 4-1 手工电弧焊示意图
1—焊条；2—电弧；3—熔渣；4—焊件

（一）电弧的焊接性质

电弧是两电极间特有的一种放电现象，放电同时产生高热（温度可达 6000℃左右）和强烈弧光。电弧产生的热，可以用来焊接、切割和炼钢等；电弧产生的强烈弧光，可用以照明（如探明灯）或用弧光灯放映电影等。我们还必须认识到电弧的危害性，因为电弧的温度很高，它不仅能引起可燃物质燃烧，使金属熔化和飞溅，构成危险的火源，而且在有着火爆炸危险的场所，或在高处作业的地面上存放有易燃易爆物品的情况下，是一种十分有害的不安全因素。

为了使电弧在焊条与焊件之间保持连续稳定的燃烧，两电极间要有较高的电压，加强气体的电离作用和传递具有较大动能的电子，这个电压称为空载电压，交流焊机为 60～80V，直流焊机为 55～90V，这样可以保证容易引弧，引弧后所需的电压就变得低些了，一般为 16～35V，这个电压称为工作电压。

电弧各部分（电弧可分为弧柱、阴极区和阳极区）所产生的热量是不同的，弧柱中心温度可达 6000℃左右，两电极的温度可达 3500～4200℃。

（二）焊接电源

按照焊接电源的不同，焊接设备可分交流焊机和直流焊机两类，直流焊机又可分为旋转直流焊机和整流式焊机，焊机的内部结构、工作原理和技术参数是各不相同的。

焊接设备包括焊接电源、控制箱及调节机构等。

交流电焊机种类很多，一般常用的有漏磁式、电抗式、复合式、动圈式四种。目前最广泛使用的直流电焊机是裂极式类型直流弧焊机，如 AX-320 型。

焊接设备铭牌中都标有"额定负载持续率"和"额定焊接电流"。设计焊接时，是根据最经常工作条件来选定负载持续率的，称为额定负载持续率。额定负载持续率下的工作电流，称为额定焊接电流。额定负载持续率和额定焊接电流，是保证焊机安全使用的重要技术数据。负载持续率的计算方法是：

$$负载持续率 = \frac{在选定的工作时间周期内焊机的负载时间}{选定的工作时间周期} \times 100\%$$

我国有关标准规定，对于 500A 以下的焊机选定的工作时间周期为 5min，并规定手工电弧焊机的额定负载持续率为 60%。

（三）焊条

焊条是由药皮和钢丝两部分组成的，钢丝（焊芯）是用来传导焊接电流和产生电弧，以及本身熔化，形成焊缝中的主要填充金属。药皮是焊条的重要组成部分，它由一定数量和不同用途的矿石、铁合金、化工原料（有的焊条还有有机物）混合而成。

我国目前生产的焊条，按化学成分可分为酸性焊条和碱性焊条两大类。酸性焊条药皮中主要含有二氧化钛、氧化铁、二氧化硅等酸性氧化物，焊条药皮的氧化性较强，焊接过程中，它对铁锈、油脂和水的敏感性不大，抗气孔能力强；而碱性焊条药皮中主要含有碳酸钙、氟化钙、碳酸镁及二氧化锰等碱性氧化物，并含有较多的铁合金作为脱氧剂和渗合金剂，使焊条具有足够的脱氧能力，焊缝中含氢量低（与酸性焊条比），抗裂性能强，所以碱性焊条多用于重要构件的焊接。

（四）安全特点

手工电弧焊操作者接触电的机会比较多，在更换焊条时，手要与电极接触，电器装置有了毛病，防护用品有缺陷及违反操作规程等，都有可能发生触电事故，尤其是在容器内（或大直径管道）工作时，因四周都是金属导体，触电的危险性最大。

焊条及焊件在焊接电弧高温作用下，将会发生物质蒸发、凝结和气化，并产生大量烟尘，同时还会产生臭氧、氮氧化物等有毒气体，在通风条件差的情况下长期工作，易使人中毒。弧光中的紫外线和红外线，会引起眼睛和皮肤疾病。

电弧焊接过程中，还会引起焊炸和火灾事故，原因是：电焊机、电气线路有毛病，附近堆放有易燃易爆物品，对装过燃料容器或管道的焊补防爆措施执行不当等。

二、电焊过程中易发生的事故及其原因

（一）电焊操作的不安全因素

1. 触电机会多

（1）焊工接触电的机会最多，经常要带电作业。如接触焊件、焊枪、焊钳、砂轮机、工作台等，还有调节电流和换焊条等经常性的带电作业，有时还要站在焊件上操作，可以说，电就在焊工的手上、脚下及周围。

（2）电气装置有毛病，一次电源绝缘损坏，防护用品有缺陷或违反操作规程等都可能发生触电事故。

（3）尤其是在容器、管道、船舱、锅炉内或钢构架上操作时，触电的危险性更大。

2. 易发生电气火灾、爆炸和灼烫事故

电焊操作过程中，会发生电气火灾、爆炸和灼烫事故。短路或超负荷工作，都可引起电气火灾；周围有易燃易爆物品时，由于电火花和火星飞溅，会引起火灾和爆炸，如压缩钢瓶的爆炸，特别是燃料容器（如油罐、气罐等）和管道的焊补，焊前必须制定严密的防爆措施，否则将会发生严重的火灾和爆炸事故。火灾、爆炸和操作中的火花飞溅，都会造成灼烫伤亡事故。

3. 电焊高处操作较多，除直接从高处坠落的危险外，还可能发生因触电失控，从高处坠落的二次事故。

4. 机械性伤害，如焊接笨重构件可能会发生挤伤、压伤和砸伤等事故。

（二）电焊的触电事故及其原因

1. 电流对人体的作用

电流对人体的伤害有三种类型，即电击、电伤和电磁生理伤害。电击是指电流通过人体内部，破坏心脏、肺部及神经系统的伤害；电伤是指电流的热效应、化学效应或机械效应对人体的伤害，其中主要是间接或直接的电弧烧伤，或熔化金属溅出烫伤等；电磁场生理伤害是在高频电磁场的作用下，使人呈现头晕、乏力、记忆减退、失眠、多梦等神经系统的症状。

通常所说的触电事故是指电击而言，绝大多数的触电死亡事故是电击造成的。

2. 电焊用电特点

焊接电源需要满足焊接要求，焊接方法不同，对电源的电压、电流等性能参数的要求也有所不同，我国目前生产的手弧焊机的空载电压限制在 90V 以下（焊接变压器为 55～75V，直流弧焊发电机为 40～70V），工作电压为 25～40V，自动弧焊机为 70～90V，氩弧焊机与等离子弧焊机为 65V。

国产焊接电源的输入电压为 220/380V，频率为 50Hz 的工频交流电。

3. 触电事故的原因

焊接的触电事故发生原因多种，总的来说，有直接触电和间接触电两类。

（1）直接触电事故的原因

① 换焊条和操作中，手或身体某部接触焊条、焊钳或焊枪的带电部分，而脚或身体其他部分对地面和金属构件之间又无绝缘，特别是在金属容器、管道、锅炉里或金属构件上，身上大量出汗或在阴雨潮湿的地方焊接时，容易发生触电事故。

② 在接线或调节焊接设备时，手或身体某部位碰到接线柱、极板等带电体而触电。

③ 在登高焊接时，触及或靠近高压电网引起触电事故。

（2）间接触电事故原因

① 焊接设备外壳漏电，人体接触设备而触电。

② 焊接变压器一次绕组与二次绕组间绝缘损坏时，变压器反接或错接在高压电源时，手或身体某部分触及二次回路的裸导体。

③ 在操作中，触及绝缘破损的电缆、胶木闸盒损坏的开关等。

④ 由于利用厂房的金属结构、管道、轨道、天车吊钩或其他金属物体搭接作为焊接回路而发生触电事故。

（三）电焊发生火灾、爆炸事故的原因

电流的热量、电火花和电弧等是引起电焊火灾、爆炸和灼烫等工伤事故的不安全因素，其原因是焊接电源及线路的短路、超负荷运行、导线或电缆的接触不良，松脱以及焊接设备的其他故障所造成的。

1. 危险温度

危险温度是电气设备（如焊接变压器）过热造成的，这种过热主要来源于电流的热量。

焊接时，电焊设备总是要发热的，使温度升高，设计上已经考虑了在安全正常运行情况下温度升高问题，也就是说发热与散热要平衡，这样最高温度就不超过允许范围。例如裸导线和塑料绝缘线规定为70℃，橡皮绝缘线为65℃，换句话说，电焊设备正常运行时，所发出的热量是允许的。

当电焊设备正常运行遭到破坏时，发热量就会增加，温升就会超过规定温度，在一定条件下即可引起火灾。

不正常运行，引起电焊设备过度发热的原因有以下几方面：

（1）短路。发生短路时，短路电流要比正常电流大几十倍到几十倍，而电流产生的热量又与电流平方成正比，温度急剧上升并超过允许范围，不仅能烧坏绝缘，而且能使金属熔化。

（2）超负荷。导线通过电流的大小是有规定的，在规定范围内，导线连续通过的最大电流称为"安全电流"，超过安全电流值，即超过了导线的负荷。结果使导线过热，绝缘层老化加快，甚至变质损坏，引起短路着火事故。

（3）接触电阻过大，接触部位是发生过热最严重的地方，接触表面粗糙不平、有氧化皮杂质或接连不牢等，都会引起过热，使导线、电缆的金属变色甚至熔化，并能引起绝缘材料、可燃物质和积落的可燃灰尘燃烧。

（4）其他原因。如焊接变压器的铁芯绝缘损坏或长时间的过电压，将增长涡流损耗和磁滞损耗而过热，由于通风不好、散热不良造成焊机过热等。

2. 电火花和电弧

电火花和电弧都具有较高的温度，特别是电弧的温度高达6000～8000℃，它不仅能引起可燃物燃烧，还能使金属熔化、飞溅，构成危险的火源；在有爆炸着火危险的场所，或在高处作业点的地面上存有易燃易爆物品等情况下，更是一种十分有害的因素，不少电焊火灾爆炸事故是由此而引起。

在焊接过程中熔融金属的飞溅，以及上述火灾与爆炸的同时，往往会发生灼烫伤亡事故。

三、电焊工具和安全操作要求

（一）焊钳和焊枪

焊钳和焊枪是手弧焊和气电焊、等离子弧焊的主要工具，它与焊工操作方便和安全有直接关系，所以对焊钳和焊枪提出下列要求：

（1）结构轻便、易于操作，手弧焊钳的重量不应超过600g，要采用国家定型产品。

（2）有良好的绝缘性能和隔热能力，手柄要有良好的绝热层，以防发热烫手，气体保护焊的焊枪头应用隔热材料包复保护，焊钳由夹条处至握柄连接处止，间距为150mm。

（3）焊钳和焊枪与电缆的连接必须简便牢靠，连接处不得外露，以防触电。

（4）等离子焊枪应保证水冷却系统密封，不漏气、不漏水。

（5）手弧焊钳应保证在任何斜度下都能夹紧焊条，更换方便。

（二）焊接电缆

焊接电缆是连接焊机和焊钳（枪）、焊件等的绝缘导线，应具备下列安全要求：

（1）焊接电缆应具有良好的导电能力和绝缘外层，一般是用紫铜芯（多股细线）线外包胶皮绝缘套制成，绝缘电阻不小于1MΩ。

（2）轻便柔软、能任意弯曲和扭转，便于操作。

（3）焊接电缆应具有较好的抗机械损伤能力，耐油、耐热和耐腐蚀等性能。

（4）焊接电缆的长度应根据具体情况来决定，太长电压降增大，太短对工作不方便，一般电缆长度取 20～30m。

（5）要有适当截面积，焊接电缆的截面积应根据焊接电流的大小，按规定选用，以保证导线不致过热而烧坏绝缘层。

（6）焊接电缆应用整根的，中间不应有接头，如需用短线接长时，则接头不应超过 2 个，接头应用铜导体做成，要坚固可靠，绝缘良好。

（7）严禁利用厂房的金属结构、管道、轨道或其他金属搭接起来作为导线使用。

（8）不得将焊接电缆放在电弧附近或炽热的焊缝金属旁，以避免烧坏绝缘层，同时也要避免碾压磨损等。

（9）焊接电缆与焊机的接线，必须采用铜（或铝）线鼻子，以避免二次端子板烧坏，造成火灾。

（10）焊接电缆的绝缘情况，应每半年进行一次定期检查。

（11）焊机与配电盘连接的电源线，因电压高，除保证良好的绝缘外，其长度不应超过 3m，如确需较长导线时，应采取间隔的安全措施，即应离地面 2.5m 以上沿墙用瓷瓶布设，严禁将电源线沿地铺设，更不要落入泥水中。

（三）安全操作

为了防止触电事故的发生，除按规定穿戴防护工作服、防护手套和绝缘鞋外，还应保持干燥和清洁，操作过程应注意下面几方面问题：

（1）焊接工作开始前，应首先检查焊机和工具是否完好和安全可靠，如焊钳和焊接电缆的绝缘是否有损坏的地方，焊机的外壳接地和焊机的各接线点接触是否良好。不允许未进行安全检查就开始操作。

（2）在狭小空间、船舱、容器和管道内工作时，为防止触电，必须穿绝缘鞋，脚下垫有橡胶板或其他绝缘衬垫；最好两人轮换工作，以便互相照看，否则就需有一名监护人员，随时注意操作人的安全情况，一遇有危险情况，就可立即切断电源进行抢救。

（3）身体出汗后而使衣服潮湿时，切勿靠在带电的钢板或工件上，以防触电。

（4）工作地点潮湿时，地面应铺有橡胶板或其他绝缘材料。

（5）更换焊条一定要戴皮手套，不要赤手操作。

（6）在带电情况下，为了安全，焊钳不得夹在腋下去搬被焊工件或将焊接电缆挂在颈上。

（7）推拉闸刀开关时，脸部不允许直对电闸，以防止短路造成的火花烧伤面部。

（8）下列操作，必须切断电源才能进行：

① 改变焊机接头时；

② 更换焊件需要改接二次回路时；

③ 更换保险装置时；

④ 焊机发生故障需进行检修时；

⑤ 转移工作地点搬动焊机时；

⑥ 工作完毕或临时离工作现场时。

第二节　气焊与气割安全技术

一、气焊与气割基本原理

气焊至今已有百余年的历史，最早使用的气体是氢（H_2）、氧（O_2）混合气体，因燃烧火焰的温度比较低（大约在 2000℃左右），所以只能焊接较薄的零件，到了 1895 年，人们已能用电炉制造电石了，并发现了乙炔气和氧气混合燃烧的温度（温度高达 3200℃）比氢-氧混合气燃烧的温度高，这样，氧-乙炔焰从 1903 年起用于焊接金属材料，并在工业上逐步发展，应用范围越来越广。

（一）气焊基本原理

气焊是将化学能转变为热能的一种熔化焊方法，它是利用可燃气体与氧气混合燃烧的火焰加热金属的，气焊所用的可燃气体主要是乙炔气（C_2H_2）。

1. 设备与器具

气焊应用的设备主要有氧气瓶、乙炔发生器（或乙炔瓶）；应用的器具包括焊炬、减压器及胶管等，这些设备和器具在工作时的应用见图 4-2。

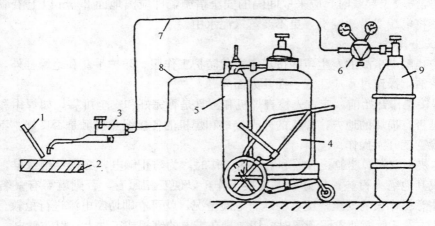

图 4-2　气焊应用的设备与器具

1—焊丝；2—焊件；3—火炬；4—乙炔发生器；5—回火防止器；6—氧气表；7—氧气胶管；8—乙炔胶管；9—氧气瓶

2. 焊接材料

气焊时，焊缝的填充焊丝可根据被焊金属材料来选择，如碳钢焊丝、铸铁焊丝、黄铜焊丝、青铜焊丝、铝焊丝等，有时也采取从被焊金属材料上切下条料作为焊丝用，焊接有色金属、铸铁和不锈钢时，还需焊粉配合使用。

气焊主要应用于薄钢板、有色金属、铸铁件、刀具的焊接，硬质合金等材料的堆焊，以及磨损、报废零部件的焊补。

气割是利用可燃气体与氧气混合燃烧的预热火焰，将金属加热到燃烧点，并在氧气射流中剧烈燃烧而将金属分开的加工方法，可燃气体与氧气混合以及切割氧流的喷射是通过割炬来完成的，切割所用的可燃气体主要是乙炔和丙烷。

整个切割过程可归结为相互关联的四个阶段：

第一阶段：用预热火焰加热起割点的金属到燃烧温度，在切割氧流作用下，产生燃烧反应。

第二阶段：燃烧反应向下层金属传播。

第三阶段：通过切割氧流的冲力，将燃烧生成的氧化物（即熔渣）强行排除，使其达到切断金属之目的。

第四阶段：反应热不断地把切割氧流前方的金属迅速加热到燃点，使其切割过程连续进行。

氧气切割的实质是金属在高纯度氧中的燃烧，并用氧气吹力将熔渣吹除的过程，而不是金属的熔化过程。气割时，金属燃烧的反应热比预热火焰高6～8倍，气割过程中所需要的热量主要来自铁-氧燃烧反应，预热火焰供给的热量是次要的。

（二）气焊与气割的安全特点及工伤事故

火灾和爆炸是气焊与气割的主要危险，气焊与气割所用的能源乙炔、液化石油气、氧气等都是易燃易爆气体；氧气瓶、乙炔发生器、乙炔瓶和液化石油气瓶等都属于压力容器，而在焊补燃料容器和管道时，还会遇到其他许多可燃易爆气体和各种压力容器。气焊与气割操作中需与危险物品和压力容器接触，同时又使用明火，如果焊接设备或安全装置有问题，或者违反安全操作规程，就容易造成火灾和爆炸事故，由此可见，防火与防爆是气焊与气割安全的工作重点。

在气焊火焰作用下，尤其是气割时氧气射流的喷射，使火星、铁成熔珠和熔渣等四处飞溅，容易造成灼烫伤事故，而且较大的熔珠、火星和熔渣等，能飞溅到距操作点5m以外的地方，引燃工作地周围的可燃物和易爆物品，而发生火灾和爆炸，登高的气焊与气割作业（如石油、化工、冶金、造船、建筑、桥梁等工程，以及设备与管道的安装和检修），存在着高处坠落以及落下的火星引燃地面的可燃物品等不安全因素。

气焊的火焰温度高达3000℃以上，被焊金属在高温作用下蒸发成金属烟尘和有害的金属蒸气，如焊接铅、铜、铝、镁等有色金属及其合金以及锰钢时，除产生有毒金属蒸气外，焊粉还散发出氯盐和氟盐的燃烧产物，黄铜的焊接过程中会放散大量锌蒸气，铅的焊接过程中会放散出氧化铅蒸气等，在焊补操作中，还会遇到其他生产性毒物和有害气体，特别是在通风不良的狭小室内或容器管道里操作，极易造成焊工急性中毒工伤事故。

二、易燃与助燃气体

（一）气体的分类

从防火防爆角度来讲，气体可分为：

（1）可燃气体，如氢、乙炔、一氧化碳、甲烷、丙烷、乙烯等；

（2）助燃气体，如氧、氯、氧化亚氮等；

（3）不燃气体，如二氧化碳、二氧化硫、氮等。

（二）气体的几个重要的物理化学性质

衡量气体的火灾危险性，除了它的燃烧能力和与空气能形成爆炸混合物之外，还有以下几方面的性质：

1. 化学活泼性

化学活泼性和氧化性能高的气体，在普通状态下就能与很多物质起反应而发生燃烧或爆炸，化学活泼性越强和氧化能力越强的气体，火灾危险性越大，如乙炔或乙烯和氯气混合遇日光就能爆炸；液态氧与有机物接触就能爆炸；压缩氧与油脂接触，油脂能自燃。

2. 对空气的密度

可燃气体的密度越大，其火灾的危险性也越大，密度大的可燃气体，遇火源易着火爆炸，密度大的气体燃烧时的热值也大，易造成火势蔓延。

3. 压力与温度

气体都能被压缩，气体在一定温度下加压，可以变成液体，所以通常都将气体贮存在钢瓶中，这时的温度称为临界温度，压力称为临界压力，临界温度越低的气体，所需的临界压力越小，对热的作用越敏感，蒸发就越快，形成压力越大，造成钢瓶爆炸的可能性就越大。

气体受热时体积要膨胀，温度越高，膨胀越大，一旦超过容器的耐压强度，就会引起爆炸。

4. 流动性和扩散性

气体的这一特性，使它具有无限的掺混性，可以任何比例和空气混合，其危险程度是用爆炸极限来表示，爆炸极限越低，爆炸上下限的范围越大，则气体的爆炸危险性越大，可燃气体的流动性能助长火势扩展。

另外，在生产储存过程中，具有腐蚀性的可燃气体能腐蚀设备，削弱设备的耐压强度，严重者可导致火灾和爆炸事故，如氯气、硫化氢气体都有腐蚀性，因此，对受压的气体容器要定期检查它的耐压强度。

（三）乙炔（C_2H_2）

1. 乙炔的性质

乙炔又称电石气，是一种无色不饱和的碳氢化合物，密度为 1.17g/L，工业用乙炔含有硫化氢（H_2S）及有毒性的磷化氢（PH_3）等杂质，所以带有强烈的臭味，人呼吸乙炔过久，会引起头晕和中毒，乙炔能溶解在许多液体中，特别是丙酮，在常温下，一个体积的丙酮能溶解 23 个体积的乙炔，乙炔在 $-83℃$ 时，可由气体变成液体，$-85℃$ 时可变为固体。

乙炔在常温常压下是一种高热值的容易燃烧和爆炸的气体，其燃烧反应式为：

$$2C_2H_2 + 5O_2 \Longrightarrow 4CO_2 + 2H_2O + Q$$

乙炔的自燃点为 $480℃$，在空气中传播的最高速度为 2.87m/s，在氧气中为13.5m/s，点火能量小，尚未熄灰的烟灰就可引起乙炔着火和爆炸，由此可见，乙炔是容易发生着火和爆炸危险的气体。

2. 乙炔爆炸

（1）乙炔爆炸与温度和压力的关系

纯乙炔的爆炸性，取决于乙炔的温度和压力，当温度超过 200～300℃时，乙炔分子产生聚合反应，形成其他更复杂的化合物，如苯（C_6H_6）和苯乙烯（C_8H_8）等，聚合反应是一种放热反应，例如：

$3C_2H_2 \rightarrow C_6H_6 + 150.58$ 大卡/克分子放出的热量可加速聚合反应的进行，如此形成恶性循环，当温度高于 500℃时，未聚合的乙炔分子就会发生爆炸分解。

如果这种分解是在密闭容器（如乙炔发生器或乙炔瓶）内进行时，由于温度的升高，压力急剧增大（10～13 倍），最后引起爆炸性分解。

当压力增加时，也能促使和加速乙炔的聚合和分解反应，温度和压力对乙炔的聚合反应和爆炸分解的关系见图4-3。

从图中我们可以看出：当压力为 0.15MPa 表压，温度超过 580℃时，乙炔就能形成分解而爆炸。在正常情况下，乙炔发生器的电石分解区或集气室中一般是不可能达到这一温度和发生爆炸的。因此，规定了现行的中压乙炔发生器的工作压力极限不得大于 0.15MPa 表压。

（2）乙炔分解爆炸与接触介质和容器形状、大小的关系

通过试验表明，压力为 0.4MPa 表压时，乙炔

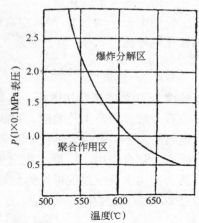

图 4-3　乙炔的聚合作用与爆炸分解范围

与发热的小铁管表面接触而发生爆炸的最低温度为：有氧化铝存在时为 490℃，有氧化铁存在时为 280℃，有氧化铜存在时为 240℃等。这些触媒剂能把乙炔分子吸附在多孔表面上，结果乙炔的表面浓度增高，加速了乙炔分子之间的聚合和爆炸分解。在这里必须指出，触媒剂的这种吸附作用，使得盛装过乙炔气的容器，即便是空的也存在有爆炸危险性。

存放乙炔的容器直径越小，则越不易爆炸，在细管中，由于器壁的冷却作用和阻力，爆炸的可能性大为降低。

工业用乙炔含有磷化氢和硫化氢的原因是由于电石里含有少量的磷化钙和硫化钙，与水作用而生成。

磷化氢和硫化氢均为有害杂质，尤其是磷化氢的自燃点很低（在 100℃温度下就会发生自燃），是引起乙炔发生器着火爆炸的原因之一。

乙炔与空气、氧气或氯气混合时，会增大爆炸危险性，与空气混合时，爆炸范围为 2.2%～81%，自燃点为 305℃，在这温度下，即使在大气压力下也能使爆炸性混合物发生爆炸；与氧气混合时，有较宽的爆炸范围（2.8%～93%），它的自燃点为 300℃；与氯、次氯酸盐等化合，在日光照射下或加热就会发生燃烧爆炸，所以乙炔着火时禁止用四氯化碳灭火。

此外，乙炔不能同氟、溴、碘、钾等能起化学反应的元素接触，乙炔与铜、银、水银等金属或盐类长期接触时，会生成乙炔铜（Cu_2C_2）和乙炔银（Ag_2C_2）等爆炸性化合物，当受到摩擦或冲击时就会发生爆炸。因此，凡供乙炔使用的器材（容器、管道、阀门、衬垫及其他零件），都不能用银和含铜量在 70% 以上的铜合金制作。

（四）电石（CaC_2）

电石是碳和钙的化合物，也是碳化钙的俗称，比重为 2.2～2.8g/cm³，电石均为坚硬的块状物体，它的断面呈深褐色或深灰色，电石属于遇水燃烧的一级危险品，电石与水作用极为活泼，立即产生化合作用，生成乙炔气和氢氧化钙，并同时放出大量热量，该热量可引起乙炔的着火爆炸，其反应式为：

$$CaC_2 + 2H_2O = C_2H_2 + Ca(OH)_2 + 30.4kcal/mol$$

理论上分解 1kg 电石，需消耗水 0.562kg，同时得到 0.406kg 乙炔气和 1.156kg 熟石

灰，并发出 475 大卡的热量。

工业用电石平均含有 70％左右的 CaC_2，杂质 CaO 约占 24％，其余碳、硅铁、磷化钙和硫化钙等约占 6％，电石的杂质 CaO 与水作用也能分解和放热，其反应式为：

$$CaO + H_2O \Longrightarrow Ca(OH)_2 + 15.1kcal/mol$$

纯度为 70％的工业用电石，其热效应为：$475 \times 0.7 + 270 \times 0.24 \approx 397kcal/kg$ 电石。

电石分解过程产生热效应，对我们安全使用电石有着重要意义。

电石与水不但有很大的化学亲和力，而且还能吸收空气中的水蒸气和夺取盐类中的结晶水而产生化合作用。结果乙炔发生器中的水量不足，或不按规定及时换水致使水质混浊，就会使化学反应过程得不到良好的冷却条件，结果使化学反应区的温度上升，如果温度超过 200℃，将发生下列反应：

$$CaC_2 + Ca(OH)_2 \Longrightarrow C_2H_2 + 2CaO$$

在这种情况下，电石灰形成密实的外皮包围着电石块，能使它们淤积并且剧烈的过热，当温度超过 580℃和在正常工作压力（0.15MPa 表压）时，就会引起乙炔的燃烧和分解爆炸。

电石过热时，其表面温度高达 800～1000℃，是乙炔发生器着火爆炸的主要原因之一，所以乙炔发生器中的水量一定要满足电石分解和冷却作用，根据乙炔发生器的不同工作原理，分解 1kg 电石的用水量，包括分解和冷却作用水应为 5～15kg。

电石的着火爆炸危险性与分解速度有关，分解速度是以每公斤电石在分解时间内所产生的乙炔体积来说明，并用升/（公斤·分）来确定，它与电石的粒度及水的纯度、温度等有关，其中粒度是最主要的影响因素，对每公斤粒度为 2～8mm 至 60～80mm 的电石来说，其完全分解的时间为 1.65～16.57min 之间，电石粒度越小，分解速度越快。因此，应按规定的粒度给发生器加料，一般结构的乙炔发生器，严禁使用粒度小于 2mm 以下的电石粉，这种电石遇水后，立即快速分解，冒黄烟，发生高热并结块，能促使乙炔自燃，当发生器内含有空气时，将引起爆炸和着火。

电石一般含有杂质硅铁，硅铁与硅铁或其他金属相互摩擦碰撞时，容易产生火花，往往成为乙炔燃烧爆炸的火源。

（五）液化石油气

液化石油气（以下简称石油气）是炼油工业的副产品，其成分不稳定，主要由丙烷（C_3H_8）、丙烯（C_3H_6）、丁烷（C_4H_{10}）和丁烯（C_4H_8）等气体混合组成，丙烷要占 50％～80％，在常温常压下以气体状态存在，在 8～15kg/cm² 压力下可变为液体，气态时略带臭味，标准状态下的密度为 1.8～2.5kg/m³，比空气重，大约为空气的 1.5 倍。

组成石油气的气体，均能与空气形成爆炸性混合物，但它们的爆炸极限范围都比较窄，例如：丙烷的爆炸极限范围为 2.17％～9.5％、丁烷的爆炸极限范围为 1.15％～8.4％、丁烯的爆炸极限范围为 1.7％～9.6％，但石油气与氧气的混合气却有较宽的爆炸极限范围（3.2％～64％）。

（六）氧气（O_2）

氧是自然界的重要元素之一，是一种无色、无味、无毒的气体，在标准状态下（即 0.1MPa、温度为 0℃时），1m³ 气体重 1.48kg（比空气重 0.14kg），当温度降到 -183℃

时，氧气将变成淡蓝色的液体，降低到－218℃时，液态氧就会变成淡蓝色的固体。

氧气本身不能燃烧，但它能助燃，所以氧属于助燃气体，而且是极活泼的气体，是强氧化剂。

氧气能同许多元素化合，生成氧化物，当氧气压力和温度增高时，氧化反应会显著地加剧，金属的燃点，随着氧气的压力增高而降低。

有机物的氧化反应具有放热的性质，当压缩纯氧与矿物油、油脂或细微分散的可燃粉尘（如炭粉、有机物纤维等）接触时，由于剧烈氧化升温、积热而能够发生自燃，构成火灾或爆炸。所以，我们工作中，一定注意瓶嘴、氧气表、氧气胶带、焊炬、割炬等里面不能有油质类物质。

氧气几乎能与所有可燃气体和蒸气混合而形成爆炸性混合物，这种混合物具有较宽的爆炸极限范围，多孔性有机物质（炭、炭黑、泥炭、羊毛纤维等）浸透了液态氧（所谓液态炸药），在一定的冲击力下，就会产生剧烈的爆炸。

气焊与气割使用的氧气纯度一般都属于二级（纯度不低于 98.5％），一级氧气纯度不低于 99.2％，氧气用氧压机压进钢瓶或管道，氧气瓶的压力为 15MPa；管道输送氧气压力为 0.5～1.5MPa。

三、设备与器具的安全使用

（一）乙炔发生器（或乙炔瓶）

1. 乙炔发生器的分类

我国现阶段大多数单位，均用乙炔发生器产生乙炔，由于各方面条件，还不能普及乙炔瓶的使用。所谓乙炔发生器就是使电石与水作用而获得乙炔气的反应装置。

乙炔发生器按电石与水接触方法不同，可分为排水式及电石入水与排水联合式（简称联合式）两种，制取的乙炔压力在 0.45～1.5kg/cm² 范围内。根据乙炔发生器在单位时间内发气量多少可分为：0.5、1、3、5 及 10m³/h 五种规格，前两种可随意移动，后三种为固定式。

2. 乙炔发生器的构造及工作原理

（1）乙炔发生器的构造

施工现场，为了工作方便，多使用可任意移动式乙炔发生器（如 Q3-0.5 型和 Q3-1 型），现以 Q3-1 型乙炔发器为例，说明一下它的构造，详见图 4-4 所示，它主要组成部分有：主罐、电石篮、回火防止器及贮气罐等组成。

（2）乙炔发生器的工作原理

见图 4-4，通过电石篮升降调节杆，使发气室内电石篮与水接触，即产生乙炔气体，由于乙炔气不断发生，使发气室内乙炔压力升高，并将发气室内水排挤到隔层中去，电石与水脱离，停止产生乙炔，当使用乙炔时，使发气室内压力降低，隔层中的水自动回到发气室使电石与水重新接触，又开始产生乙炔气，这样如此循环直至电石反应完毕。

3. 乙炔发生器爆炸着火原因和分类

因乙炔发生器是制取乙炔的设备，而电石和乙炔又是危险物品，所以乙炔发生器是有着火爆炸危险的设备，其着火爆炸原因主要是：

（1）结构设计不合理，冷却用水不足，或没有按时换水等造成电石过热；

（2）缺少必要的安全装置或安全装置失灵；

（3）发生器罐体或胶管连接处漏气；

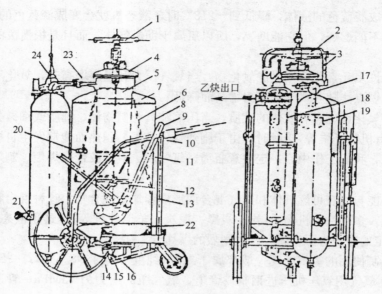

图 4-4 Q3-1 型乙炔发生器

1—开盖手柄；2—压板；3—压板环；4—发生器盖；5—电石篮子；6—锥形罩；7—上盖；8—主体；9—调节杆；10—电石篮升降调节杆；11—放渣开关；12—升降滑轮；13—支撑杆；14—出渣口；15—橡皮塞；16—轴；17—压力表；18—回火防止器；19—储气筒；20—溢流阀；21—水位阀；22—桶底；23—连接管；24—泄压装置

（4）装换料时遇明火，或发生器运动部分的机件互相摩擦碰撞，产生火花；

（5）发生器罐体或胶管中形成乙炔与空气（或氧气）混合气；

（6）回火而引起；

（7）电石中含磷过多、颗粒太细或含有硅铁；

（8）发生器的压力或温度过高。

乙炔发生器的爆炸事故有以下几种情况：

（1）加料时的爆炸事故。产生这类爆炸事故往往是由于电石含磷过多，其他明火或电石篮同器壁摩擦碰撞产生火星等原因，而引起乙炔-空气混合气体的燃烧爆炸。

（2）换料时的爆炸事故。换料时，往往由于电石过热或遇到其他明火，而引起发气室内乙炔-空气混合气爆炸。

（3）回火的爆炸事故。这类爆炸事故多发生在操作过程中，它的爆炸有两种情况：一是加料后工作刚开始时，乙炔-空气混合气的爆炸；二是工作过程中发生的乙炔-氧气混合气的爆炸，它可能引起回火防止器、集气室或主罐的爆炸损坏。

4. 乙炔发生器的安全使用要求

发生器的操作人员必须受过专门培训（包括气焊工人），熟悉发生器的结构、作用、工作原理及维护规则，并经安全部门考试合格。发生器的使用需注意下列安全要求：

（1）对乙炔发生器放置的要求

① 移动式乙炔发生器可安放在室外，也可安放在通风良好的室内，但严禁安放在锻工、铸工和热处理等热加工车间、正在运行的锅炉房等；

② 固定式乙炔发生器，必须安放在单独房间或专用棚子内；

③ 禁止放在高压线下和吊车滑线下面；

④ 不准靠近空气压缩机、通风机的吸口处；

⑤ 不准安放在避雷针接地导体附近以及金属构件接地导体线上，同时要注意，不要放在可能成为电气回路的轨道中；

⑥ 放置位置还要注意防止可能来自高处的烟火、电焊火花以及坠落工作的打击；

⑦ 乙炔发生器与明火、散发火花地点、高压电源线及其他热源的距离，应不小于 10m；

⑧ 乙炔发生器不准安放在剧烈震动的工作台和设备上；

⑨ 严禁在烈日下曝晒。

(2) 对使用前准备工作的要求

① 首先应检查乙炔发生器的安全装置、管路、阀门和操纵机构是否正常，确定正常后才能灌水和加入电石；

② 灌入发生器的水，必须保证没有任何油污或其他杂质的洁净水，同时要按规定灌足水量；

③ 装入的电石量和粒度，一定要符合乙炔发生器的规定和要求，移动式乙炔发生器所使用的电石粒度，一般在 25～80mm 范围内，如果电石反应区有排热装置时，允许添加不超过 5% 的尺寸为 2～25mm 的电石，大型电石入水式乙炔发生器，其电石粒度亦应在 8～80mm 范围内，2～8mm 的电石不应超过 30%，电石粒度大于 80mm 不得使用，否则容易产生塔桥卡料；

④ 乙炔发生器发生冻结，只能用蒸气或热水解冻，严禁用明火或烧红的铁烘烤，更不准用铁器等易产生火花的物体敲击。

(3) 对乙炔发生器的起动、工作及结束时的安全要求

起动时

① 通过电石篮升降调节杆，使电石与水接触产生乙炔，同时检查各部位特别是连接处是否有漏气现象，必须保证连接部位的严密性；

② 产生乙炔后，一定注意观察压力表工作是否正常(指针旋转应是慢慢上升)，如果上升过快或表针停在零位，甚至有乙炔气体从安全阀进出等现象，都说明发生器运行不正常，必须立即停止发气，进行检查和排除故障，然后再次起动。

移动式乙炔发生器，在冬季时起动，(数分钟后)有时表针仍停止不动，这是由于水温低反应慢而造成的，不一定都是故障。

工作时

① 在接入焊炬(或割炬)前，首先要排除掉乙炔胶带内的空气和发生器内的乙炔-空气混合气；

② 在发生器工作过程中，要随时检查各部位是否有漏气现象，水位是否符合要求以及安全阀有否失灵等，如有以上情况，应立即采取措施解决，否则不允许使用，固定式乙炔发生器应由受过培训的专职人员管理；

③ 在发生器运行过程中，需清除电石渣时，一定要等电石完全分解后进行；

④ 发生器内水温不应超过 70℃，超过时应立即灌入冷水，或暂时停止工作，采取冷却措施使水温下降，不可随便打开发生器和放水等，以防止因电石过热而引起着火和爆炸。

停止使用时

① 通过电石篮升降调节杆，使电石与水脱离停止产生乙炔气。然后再关闭出气管阀门，停止乙炔输出；

② 工作结束（包括换电石时）当打开盖子发生着火时，应立即盖上盖子，隔绝空气，等冷却后再开盖和放水，这一点必须注意，以防产生爆炸危险，因此时电石过热，易着火；

③ 工作结束，要及时放掉发生器中的水和电石渣，并冲洗干净，特别是冬季作业，更应注意。

（二）回火防止器和阻火器

回火防止器是在发生回火时，用来防止回火火焰窜入贮气罐和主罐。

阻火器是在发生回火时，用来阻止火焰在管道中蔓延。例如在水下作业发生回火时，由4～6层细孔金属网组成的阻火器，就能阻止氢-氧火焰在胶管中蔓延，回火防止器和阻火器均属阻火装置，是最常用的装置，特别是回火防止器应用更广，所以，我们必须了解它的构造、使用安全等方面的知识。

1. 回火防止器的分类

（1）按阻火介质分：水封式和干式两种；

（2）按工作和容量分：岗位式和集中式（如安装于乙炔站供气管的总回火防止器）；

（3）按结构型式分：开口式（已不用、因安全性差）和闭合式两种。

2. 回火防止器的构造和工作原理

（1）闭合式（或封闭式）回火防止器

闭合式回火防止器属于中压回火防止器，其构造见图4-5，它由筒体、防爆膜、出气管、水滴反射器、水位阀、分水板、止回阀和进气管等组成。

在正常工作情况下，乙炔通过进气管8、止回阀7、分水板6、水滴反射器4及出气管3进入焊炬（或割炬）见图4-5(a)。

当发生回火时，回火火焰将从出气管返回，止回阀关闭，火焰不能进入乙炔进气管和乙炔发生器，同时，由于火焰温度和压力作用，使上部防爆膜爆开，这样就防止了乙炔发生器的爆炸，起到了安全作用。

闭式回火防止器，在使用上是比较安全的，也是比较可靠的，但结构是比较复杂的。

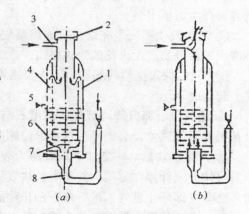

图4-5　封闭式中压回火防止器
(a)正常工作时；(b)发生回火时
1—筒体；2—防爆膜；3—出气管；4—水滴反射器；
5—水位阀；6—分水板；7—止回阀门；8—乙炔进气管

（2）干式回火防止器

干式回火防止器由防爆橡胶膜、橡胶节板、过滤器、橡胶反向活门和端盖等组成，见图4-6所示。

乙炔气体从端盖6的进气口进入，通过橡胶反向活门4、过滤器3、橡胶节板2和端盖6的出气口送至焊炬（或割炬）工作。

当发生回火时，回火火焰将返回到回火防止器，过滤器则可将爆炸的气浪消除，同时压紧橡胶反向活门，阻止乙炔气进入，并使防爆膜1破裂，排出爆炸气体。

这种回火防止器，在 0.15MPa 表压下，可通过 $2m^3/h$ 的乙炔，其阻力为 0.006～0.007MPa，使用比较安全可靠，缺点是过滤器要经常洗刷和更换。

3. 对回火防止器的使用安全要求

（1）回火防止器如果发现有问题（乙炔流量不足或带水过多等）而影响工作时，应及时进行检修或更换，在任何情况下，焊工不得擅自拆卸回火防止器，或使水封式回火防止器在无水情况下进行工作；

（2）每个岗位式回火防止器只能供一把焊炬（或割炬）使用；

（3）焊炬或割炬在点火前，应排净回火防止器的空气（或氧气）与乙炔的混合气；

（4）每次发生回火后应检查水位，器内的水量不得少于水位计（或水位阀）标定的要求，水位也不能过高，以免乙炔气带水过多而影响火焰温度；

（5）水封式回火防止器使用时应垂直挂放；

（6）冬季使用水封式回火防止器，工作结束后应将水全部排出、洗净，以免冻结。如发生冻结时，只能用热水或蒸气解冻，绝不能用明火或红铁烘烤；

（7）乙炔容易产生带黏性油质的杂质，因此应经常检查止回阀的密封性，以及干式回火防止器阻火元件的堵塞现象（可用丙酮清洗、并用压缩空气吹干）。

目前，我国在推广使用粉末冶金片和陶瓷微孔管等干式回火防止器，安全性能好。

（三）安全泄压装置

常用的安全泄压装置有安全阀和爆破片。

1. 安全阀

安全阀又称泄压阀，它的作用是防止中压乙炔发生器的压力过高，而引起乙炔的分解爆炸。

当前常用的是弹簧式安全阀，它由阀体、阀杆、弹簧、阀芯及调节螺栓等组成见图4-7所示。

（1）工作原理

当乙炔发生器的压力超过安全规定 0.115MPa 时，安全阀可自动打开，泄出部分乙炔，当泄到安全使用压力时，自行关闭，从而实现自动控制乙炔压力保证在安全使用范围内。

图 4-7 就是弹簧式安全阀，利用乙炔发生器里乙炔压力与弹簧压力之间的压力差变化，来达到自动开启和关闭的要求。

当乙炔压力超过规定值时，将会把阀芯 3 推开，部分乙炔可以泄出，调节螺栓 5 是用来调节弹簧 1 的压力。

压力表的安全使用要求：

① 安全规则规定，安全阀的开启压力为 0.115MPa，使用时

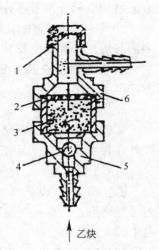

图 4-6　干式回火防止器
1—防爆橡胶膜；2—橡胶节板；
3—过滤器；4—橡胶反向活门；
5、6—端盖

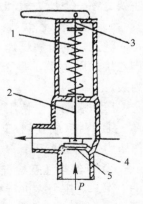

图 4-7　弹簧式安全阀
1—弹簧；2—阀杆；3—阀芯；
4—阀体；5—调节

应通过调节螺栓调节好开启压力值，使其符合安全要求。

② 要经常(或定期)检查排气情况是否正常，防止排气管、阀体及弹簧等被乙炔气流中的灰渣、黏性杂质及其他脏物堵塞或粘结，以保证安全阀的灵敏有效。

③ 如发现安全阀有漏气或不停的排气现象时，应立即停止工作，待检修和调正好后，方可再用。

2. 爆破片

爆破片的作用是当发生回火时(回火防止器因某些原因而失效)，虽然气体火焰已进入贮气罐和主罐，通过爆破片可免遭罐体爆炸破坏。

(1) 工作原理

乙炔与空气(或氧气)混合气的爆炸，虽然是在瞬间发生，但从起爆到气体激烈膨胀，到爆炸结束总是有一个过程的，亦即释放热量和气体由少到多、温度由低到高、爆炸压力由小到大的发展过程。根据这一道理，就可以在发生器罐体的适当部位，设置一定面积的脆性材料(如铝箔片)，构成薄弱环节。当发生爆炸时，这个薄弱环节将首先遭到破坏，将大量气体和热量泄入大气，罐内的爆炸压力就难于再度升高，保住了罐体，避免发生器遭受更大损失和人员伤亡。

爆破片应具备下列要求：

① 爆破片材料应具有较好的脆性；

② 具有耐腐蚀、耐热和气密性好的性能；

③ 具有足够的强度(能承受工作压力的强度)，且延伸性和弹性都小的性能。

爆破片通常采用的有铝箔片或再生胶片，铝箔片是较理想的爆破片材料。

(2) 安全使用要求

① 发生爆炸后，按规定使用的爆破片及时更换新的；

② 不得使用铜板、铝板、铁板等代替。

(四) 指示装置

常用的指示装置主要是指压力表、水位计和温度计等。压力表和水位计用于中压移动式乙炔发生器；固定式乙炔发生器还需装有温度计，以便观察水温和气温变化情况，这里主要介绍一下压力表和水位计。

1. 压力表(乙炔)

纯乙炔的分解爆炸与压力有关，中压乙炔发生器必须装有压力表，它可直观地告诉我们乙炔的压力值，是否在允许的乙炔压力下安全工作，常用的是弹簧管式乙炔专用压力表。

压力表的安全使用要求：

① 焊接(或气割)工作中要经常观察压力表的指示值，使其不大于乙炔发生器最高工作压力值 0.15MPa；

② 要经常注意检查压力表指针转动与波动情况，如发现有不正常现象时，应立即停止工作，对压力表进行检修或更换新的压力表；

③ 压力表一定要保持洁净，表盘上玻璃明亮清晰、表盘刻度要清楚易见，以便观察指针指的压力值，否则不得使用；

④ 压力表的连接管要经常或定期的进行吹洗，以防堵塞；

⑤ 压力表必须按规定经计量部门检验校正后，方可使用，超过验校期限的压力表，应重新进行检验校正，否则不得使用。

2. 氧气表

氧气表的作用是将瓶内高压气体变为工作需要的低压气体，并保持输出气体的压力和流量稳定不变。

氧气表的安全使用要求：

① 新的氧气表，必须有出厂合格证，已用的氧气表要作定期检验，已超过定期检验的不得继续使用；

② 上装氧气表以前，要微开氧气瓶阀，吹净瓶口处杂质，随后关闭瓶阀，并开始上表，瓶口不可直对人体，同时要将调压螺杆松开；

③ 装卸氧气表时，一定要拧紧，并注意防止管接头有滑丝漏气现象，以免因装表不牢而射出，待正常后再接氧气胶带；

④ 开启氧气瓶阀时，要缓慢拧开，以防止因高压氧流作用而引起静电火花；

⑤ 一定注意氧气表不得沾有油脂，如果沾有油脂，就必须擦洗干净后再使用；

⑥ 应经常检查氧气表的工作情况，如发现有故障，一定要及时修理，修好后再用。

3. 水位计

水位计的作用是用来观察了解发生器各罐体(如贮气罐、主罐和水封式回火防止器)是否有足够的水量。容量较小的乙炔发生器，大多数是装设水位龙头(设计高度)，通过水位龙头来指示各罐体内的水量是否符合要求。

安全使用要求：

① 发生器各罐体内的水量，应符合水位计的标志和水龙头指示水位要求；

② 水位计要有指示刻度，并清晰易见，水位龙头不应有锈蚀和塞死问题。

（五）气瓶

用于气焊与气割的氧气瓶属于压缩气瓶，乙炔瓶属于溶解气瓶，液化石油气属于液化气瓶，使用时，应根据各类气瓶的不同特点，来采取相应的安全措施。

1. 氧气瓶

氧气瓶是用来储存和运输氧气的一种圆柱形高压容器。当前使用的有钢瓶和玻璃钢瓶两种，主要还是钢瓶。外表面涂天蓝色，并用黑漆写有"氧气"字样，以区别其他气瓶。

（1）氧气瓶的构造和性能

氧气瓶主要构造由瓶体、瓶帽、瓶阀、瓶箍及防漆橡胶圈等组成。瓶体是由 42Mn 低合金钢制成的无缝瓶体，底部呈凹状，以便钢瓶竖放稳定性好；瓶体上部瓶头内口改有内螺纹，用来安装瓶阀，瓶头外面套有车过丝的瓶箍，用来旋扭瓶帽。

我国生产的氧气瓶规格很多(见表 4-1)，工业上较为常用的是 40L 容积钢瓶，工作压力在 15MPa 下，可贮存 $6m^3$ 的氧气。

瓶阀有两种，一种是活瓣式，另一种是隔膜式。目前主要采用活瓣式氧气瓶阀，但隔膜式氧气瓶阀使用的也不少。因这种瓶阀气密性好，缺点是易损坏、寿命短。瓶阀应采用黄铜制造，因黄铜耐氧化，导热性好，燃烧时不产生火花。

瓶体表面漆色	工作压力 (MPa)	容　积 (L)	瓶体外径 (mm)
天 蓝 色	15	33 40 . 44	φ219

瓶体高度 (mm)	重　量 (kg)	水压试验压力 (MPa)	瓶阀规格或型号
1150±20	45±2		
1370±20	55±2	22.5	C_2F-2 铜阀
1490±20	57±2		

（2）氧气瓶发生爆炸的原因

氧气瓶发生爆炸的主要原因有：

① 设计制造方面有材料的脆性、薄厚不均，以及钢板有夹层等；

② 高处坠落、倾倒或滚动等，受到剧烈冲击碰撞；

③ 瓶体受腐蚀严重，或强烈日光曝晒、明火、热辐射作用等；

④ 氧气瓶内混入了可燃气体；

⑤ 放气速度太快，产生静电火花；

⑥ 瓶体没有按规定的期限进行技术检验；

⑦ 瓶阀、阀门杆或减压器等粘附油脂；

⑧ 没带瓶帽，因受振动或使用方法不当，造成瓶阀密封不严、泄漏，甚至瓶阀破坏，高压气流冲出；

⑨ 解冻方法用火烤或铁器敲打。

（3）氧气瓶的安全使用要求

① 出厂前，必须按照《气瓶安全监察规程》的规定，严格进行技术检验，合格后，方可使用；

② 防震：在贮运和使用过程中，一定要避免剧烈震动和撞击，尤其是严寒季节，在低温情况下，金属材料易发生脆裂造成气瓶爆炸。

搬运气瓶时，应用专门的抬架或小推车，不得肩背手扛，禁止直接使用钢绳、链条、电磁吸盘等吊运氧气瓶。要轻装轻卸，严禁从高处滑下或在地面滚动。运输时，气瓶必须有护圈和戴好瓶帽。

使用和贮存时，应用栏杆或支架加以固定，防止气瓶突然倾倒。

③ 防热，要防止氧气瓶直接受热，应远离高温、明火和熔融金属飞溅物等 10m 以上。

④ 防静电火花和绝热压缩，主要发生于开启瓶阀和减压器的操作，应当了解，高速气流中的静电火花放电、固体微粒的碰撞热和摩擦热、气体受突然压缩时放出的热量（即绝热压缩）等，都可能成为氧气瓶和减压器爆炸着火的因素。因气瓶里的氧气一般均含有部分水和锈皮等，当瓶阀或减压器开的过快时，则随氧气高速流动的水滴和固体微粒，就会与管壁产生摩擦而出现静电火花。关于绝热压缩的危险是：高压气流的冲击，将使减压

器内局部(高压室或低压室)的气体受突然压缩，瞬时产生的热量会使温度剧增，完全有可能使橡胶软隔膜、衬垫等材料着火，甚至会使铜和钢等金属燃烧，造成减压器完全烧坏，还会导致氧气瓶着火爆炸。

⑤ 留有余气并关紧阀门：留有余气的目的是使气瓶保持正压，可防止可燃气体进入瓶内，同时便于瓶内气体成分化验。

⑥ 超过检验期限的气瓶不得使用：按照安全规程的规定，氧气瓶必须作定期性技术检验，规程规定每三年检验一次。

⑦ 当瓶阀或减压器发生冻结时，只能用热水或蒸气进行解冻，绝对不能用火焰烤或烧红金属去烫。

⑧ 防油：氧气瓶阀不得沾有油脂，同时也不能用沾有油脂的工具，手套或油污工作服等接触阀门或减压器等。

⑨ 与乙炔瓶的距离不得小于3m。

2. 乙炔气瓶

乙炔气瓶是专门用于乙炔气的贮存和运输的。其形状与氧气瓶相似，但它的构造要比氧气瓶复杂，因为乙炔气瓶是实心的，内部有溶剂和多孔性填料。

乙炔气瓶，根据国家规定《溶解乙炔气瓶安全监察规程》要求，瓶体表面要漆成白色，同时还要标记有红色的"乙炔"和"不可近火"的字样。

(1) 乙炔气瓶的构造和性能

乙炔气瓶主要由瓶体、瓶帽、瓶阀、易熔塞、多孔性填料、瓶座、毛毡等组成。瓶体必须采用镇静钢，并具有良好的焊接性能，其化学成分，机械性能，冷弯试验等要符合《溶解乙炔气瓶安全监察规程》要求。

瓶阀要采用碳素钢或低合金钢制造，因为乙炔与铜接触会形成爆炸性乙炔铜。如选用铜合金时，含铜量必须小于70%。

内部填料的主要成分是硅藻土、石灰、硅石、石英砂、石棉和水玻璃等。经粉碎，加水搅拌成料浆填入瓶内，再经烘干窑烘干而成，生产周期为8～9天。填料的孔隙率为85%～92%。孔隙中再充入丙酮，灌装的乙炔气就溶解在丙酮中。常用填料有硅酸钙和活性碳。

我国生产的乙炔气瓶规格见表4-2。

乙 炔 瓶 规 格 表 4-2

公称容积(L)	≤25	40	50	60
公称直径(mm)	≤200	250		300

乙炔瓶充装乙炔，在15℃时，限定充装压力为1.55MPa以下。

(2) 乙炔气瓶的优点

乙炔气瓶的主要优点有以下几点：

① 节省能源。乙炔气瓶与小型乙炔发生器比较，可节约30%的电石；

② 安全可靠。据日本和瑞典介绍，他们使用硅酸钙填料乙炔气瓶20多年来，从未发生爆炸事故。我国从1974年开始试制和使用，也从未发生过一起爆炸事故。由此可见，使用乙炔瓶比使用乙炔发生器安全很多；

③ 减少公害。使用中压乙炔发生器时，要有很大一部分废渣、废水和废气排出，对环境有很大污染，特别是施工现场，到处可见。而乙炔气瓶则没有这些问题，因为乙炔气是集中生产的。它的废渣可作建筑材料；废水可循环使用，经过处理可以肥田或作中和剂使用；乙炔气瓶可以说没有废气，即使有点泄漏，其危害性也很少；

④ 使用方便。使用乙炔气瓶像使用氧气瓶一样，装上乙炔表，插上乙炔带，就可使用，随用随开，用完再装，重复使用，操作方便；

⑤ 提高质量和工作效率。因乙炔瓶压力高，稳定可调，杂质少，不存在装电石→发生气过程，一瓶乙炔气可配 2～3 瓶 40L 氧气使用，所以使用乙炔瓶，可提高质量和工作效率。特别是在切割工作上，表现得更加突出。

(3) 乙炔瓶发生爆炸的原因

① 气瓶的材质、结构、制造质量等不符合要求，例如材料脆性，瓶壁厚度不均，钢板有夹层等；

② 高处坠落、倾倒或滚动，发生剧烈碰撞冲击；

③ 瓶体受腐蚀较严重，或受到日光强烈曝晒，以及明火、热辐射等作用，使瓶温过高，压力剧增。一旦超过材料强度极限，就会发生爆炸；

④ 开气速度太快，产生静电火花；

⑤ 气瓶无瓶帽保护气瓶阀，受震动或使用方法不当等，造成密封不严、泄漏、甚至瓶阀破坏，高压气流冲出；

⑥ 瓶内多孔物质下沉，产生净空间，使部分乙炔气处于高压状态；

⑦ 乙炔瓶处于卧放状态或在大量使用乙炔时，丙酮也随之流出；

⑧ 乙炔瓶有漏气现象。

(4) 乙炔瓶的使用、运输和储存安全技术要求

乙炔瓶虽然比乙炔发生器安全得多，但在运输、贮存和使用过程中，由于受震动、填料下沉、直接受热，以及使用不当、操作失误等，也会发生爆炸事故。所以使用乙炔气瓶时，各方面都要采取必要的安全措施，每三年进行一次技术检验。

使用时的安全技术要求：

① 禁止敲击、碰撞；

② 要立放、不能卧放，以防丙酮流出，引起着火爆炸(丙酮蒸气与空气混合的爆炸极限为 2.9%～13%)。气瓶立放 15～20min 后，才能开启瓶阀使用，拧开瓶阀时，不要超过 1.5 转，一般情况只拧 3/4 转；

③ 不得靠近热源和电气设备，夏季要防止曝晒，与明火的距离一般不小于 10m(高处作业时，应是与垂直地面处的平行距离)；

④ 瓶阀冻结，严禁用火烘烤，必要时可用 40℃ 以下的温水解冻；

⑤ 吊装、搬运应使用专用夹具和防震的运输车，严禁用电磁起重机和链绳吊装搬运；

⑥ 严禁放置在通风不良及有放射性射线的场所，且不得放在橡胶等绝缘体上；

⑦ 工作地点不固定且移动较频繁时，应装在专用小车上；同时使用乙炔瓶和氧气瓶应尽量避免放在一起；

⑧ 使用时要注意固定，防止倾倒，严禁卧放使用，局部温度不要超过 40℃(即烫手)；

⑨ 必须装设专用的减压器、回火防止器。开启时，操作者应站在阀口的侧后方，动

作要轻缓；

⑩ 使用压力不得超过 0.15MPa，输气流速不应超过 1.5～2.0m³/(h·瓶)；

⑪ 严禁铜、银、汞等及其制品与乙炔接触，必须使用铜合金器具时，合金含铜量低于 70%；

⑫ 瓶内气体严禁用尽，必须留有不低于表 4-3 规定的剩余压力。

剩余压力与环境温度关系   表 4-3

环境温度(℃)	<0	0～15	15～25	25～40
剩余压力(MPa)	0.05	0.10	0.20	0.30

运输乙炔瓶的安全技术要求：

① 应轻装轻卸，严禁抛、滑、滚、碰；

② 车、船装运时应妥善固定；汽车装运乙炔瓶横向排放时，头部应朝向一方，且不得超过车厢高度；直立排放时，车厢高度不得低于瓶高的 2/3；

③ 夏季要有遮阳设施，防止曝晒，炎热地区应避免白天运输；

④ 车上禁止烟火，并应备有干粉或二氧化碳灭火器(严禁使用四氧化碳灭火器)；

⑤ 严禁与氯气瓶、氧化瓶及易燃物品同车运输；

⑥ 严格遵守交通和公安部门颁布的危险品运输条例及有关规定。

储存乙炔瓶的安全技术要求：

① 使用乙炔瓶的现场，储存量不得超过 5 瓶，超过 5 瓶但不超过 20 瓶，应在现场或车间内用非燃烧体或难燃烧体墙隔成单独的储存间，应有一面靠外墙；超过 20 瓶，应设置乙炔瓶库；储存量不超过 40 瓶的乙炔库房，可与耐火等级不低于二级的生产厂房毗连建造，其毗连的墙应是无门、窗和洞的防火墙，并严禁任何管线穿过；

② 储存间与明火或散发火花地点的距离不得小于 15m，且不应设在地下室或半地下室；

③ 储存间应有良好的通风、降温等设施，要避免阳光直射，要保证运输道路畅通，在其附近应设有消火栓和干粉或二氧化碳灭火器(严禁使用四氯化碳灭火器)；

④ 乙炔瓶储存时，一般要保持竖立位置，并应有防止倾倒的措施；

⑤ 严禁与氯气瓶、氧气瓶及易燃物品同间储存；

⑥ 储存间应有专人管理，在醒目的地方应设置"乙炔危险"、"严禁烟火"的标志；

⑦ 乙炔瓶库的设计和建造，应符合《建筑设计防火规范》和《乙炔站设计规范》(试行)的有关规定。

（六）工具

焊炬与割炬，以及胶管等是气焊工的主要工具，如果其性能不正常，或者操作失误，将会造成回火爆炸、烧伤或烧坏焊、割炬等事故。

1. 焊炬的安全使用要求

(1) 使用前应首先检查其射吸性能，射吸性能不正常，必须进行修理，否则不得使用；

(2) 射吸性能检查正常后，进行是否漏气检查，焊炬的所有连接部位不得有漏气现象；

（3）在前二项检查合格的基础上，进行点火检验。点火方法有两种：一种是先给乙炔气，另一种是先给氧气。比较安全的点火方法是先给乙炔，点燃后立即给氧气并调节火焰；

（4）停火时，应先关乙炔后关氧气，这样可防止火焰倒袭和产生烟灰；

（5）发生回火时，应急速关闭乙炔，随后立即关闭氧气，这样倒袭的火焰在焊炬内会很快熄灭；

（6）焊炬的各连接部位、气体通道及调节阀等处，均不得沾染油脂；

（7）焊炬停止使用后，应拧紧调节手轮并挂在适当位置，或卸下焊炬和胶管；

（8）为使用方便而不卸下胶管的作法是不允许的（焊炬、胶管和气源做永久性连接），同时也不允许连有气源的焊炬，放在容器里或锁在工具箱内。

2. 割炬的安全使用要求

（1）气割前应将工件表面的漆皮、锈层加油水污物等清理干净。工作场地面是水泥地面时，应将工件垫高，以防锈皮和水泥爆溅后伤人；

（2）点火试验。如果点火后，火焰突然熄灭现象，则说明割嘴没有装好，这时应松开割嘴进行检查；

（3）停火时，应先关掉切割氧流，接着再关掉乙炔，最后关掉预热氧流。发生回火时，应立即关掉乙炔，再关预热氧和切割氧。

3. 胶管的安全使用要求

（1）胶管发生爆炸着火的原因

① 胶管里已形成乙炔和氧气（或空气）的混合气；

② 回火火焰烧进胶管里；

③ 由于磨损、挤压、腐蚀或保管维护不善，造成胶管材质老化、强度降低或漏气；

④ 氧气胶管沾有油脂，或因高速气流产生静电火花等。

（2）胶管的安全使用要求

① 使用前，必须将胶管内的化石粉吹除干净，以防止气路被堵塞；

② 使用和保管时，应防止与酸、碱、油类以及其他有机溶剂接触，以防胶管损坏；

③ 使用中应避免受外界挤压和砸碰等机械损伤，不得将管身折叠，不得与炽热的工件接触；

④ 如果回火火焰烧进氧气胶管时，则胶管不可继续使用，必须更换新胶管，否则起不到安全作用；

⑤ 气割时，气瓶阀应全部挤开，以便保证足够的流量和稳定的压力，这样可防止回火和倒燃进入氧气胶管引起爆炸着火；

⑥ 氧气与乙炔胶管不得相互混用，或以不合格的其他类型的胶管代替。所用的胶管必须符合国家标准要求。氧气胶管应符合国家标准 GB 2550—81 规定，胶管为红色；乙炔胶管应符合国家标准 GB 2551—81 规定，乙炔胶管为黑色；

⑦ 胶管的长度不应过长，过长会增加不安全因素；

⑧ 胶管原则上不得有接头。特殊情况需接头时，其接头连接用管不得采用纯铜管，以防爆炸事故的发生。接头处必须保证无漏气现象。

（七）低压乙炔发生器（或称浮筒式乙炔发生器）

最常见的浮筒式乙炔发生器是低压乙炔发生器典型代表（乙炔压力在 0.045MPa 以下），下面作简要介绍：

1. 发生器的构造及工作原理

（1）构造。浮筒式乙炔发生器是由浮筒、定筒（又称下筒）、电石篮、回火防止器、输出管、排污阀等，见图 4-8。

（2）工作原理。浮筒式乙炔发生器是通过浮筒和电石篮的自重，使电石篮内的电石与水接触而产生乙炔气体。由于乙炔气的不断产生，使浮筒内的气体压力和体积增加，并将浮筒顶起，上升至电石与水脱离，停止产生乙炔，使用时，浮筒内的乙炔压力和体积下降，电石重新与水接触，开始产生乙炔气。这样如此循环直至电石反应完毕。

由于浮筒式乙炔发生器内的气体压力是靠浮筒和电石篮的重力获得的，所以这个压力较低，一般不会超过 0.01MPa。但是，如果限位链的长度较短或定筒内水位过高，使浮筒升至最高点时仍不能使电石与水脱离接触，就会使浮筒内的压力继续上升至可能把限位链拉断或压泄压膜的程度。因此，浮筒式乙炔发生器在使用时，注水量不得超过定筒高度的 3/4，限位链长度不得小于 450mm。

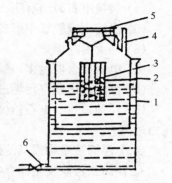

图 4-8　浮筒式乙炔发生器

1—下筒；2—浮筒；3—电石篮；4—输出管；5—橡皮膜；6—排污阀

（3）水封式回火防止器构造和工作原理

敞开式回火防止器（又称低压水封式回火防止器）属于低压回火防止器、仅用于浮筒式乙炔发生器。它主要由筒体、进气管、进水管、漏斗，乙炔出口、水位阀和进气管阀门等组成，见图 4-9。

使用时，先从漏斗加水，加至水位阀溢水为止（加水前将阀门打开），然后关闭水位阀，打开进气阀门将筒内空气排出后，乙炔气胶管即可插上接通使用。

在正常工作情况下，由于乙炔的压力作用，进气管的水位低于水平面，而进水管的水位高于水平面，这样空气就不能漏进筒体，乙炔也不会从漏斗冒出。乙炔气从进气管进入筒体，再从乙炔出口通过胶管送到焊炬或割炬。

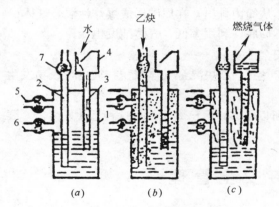

图 4-9　低压水封式回火防止器示意图

（a）加水时；（b）正常工作时；（c）发生回火时

1—筒体；2—进气管；3—进水管；4—漏斗；5—乙炔出口；6—水位阀；7—进气管阀门

当发生回火时，回火火焰从乙炔出口返回进入筒体内，火焰产生的气体压力将水压入进气管和进水管内，筒体内的水位下降，进水管的下端首先离开水面，使燃烧的气体立即从进水管冲出筒体。进气管的下端仍浸在水里，使燃烧的火焰不能进入进气管，这样就防止了乙炔发生器的爆炸，起到了阻火安全作用。

2. 浮筒式乙炔发生器着火爆炸原因

（1）结构设计（特别是回火防止器）不合理，冷却水不够，换水不及时造成电石过热；

（2）缺少必要的安全装置，多数筒盖没有足够面积的泄压孔，泄压效果较差；

（3）罐体或胶管连接有漏气现象；

（4）装换电石时遇有明火，或浮筒与定筒互相摩擦碰撞，产生火花；

（5）浮筒内或胶管中形成乙炔与空气（或氧气）混合气；

（6）回火引起爆炸；

（7）电石中含磷过多，颗粒太细或含有硅铁；

（8）发生器内积存污垢过多，散热不良而造成过热；

（9）浮筒过重、电石篮位置过低，水位过高，使电石不能与水脱离，造成浮筒内乙炔压力过高；

（10）浮筒被重物或其他外力顶住，使电石与水不能脱离，造成乙炔压力过高。

3. 浮筒式乙炔发生器存在的问题

（1）劳动强度大，换电石时都要拔放浮筒；

（2）由于拔放浮筒会与定筒产生摩擦、碰击打火引起爆炸；

（3）乙炔压力低，不宜远距离输送；

（4）橡胶泄压膜可靠性低；

（5）浮筒可能因震动或温度变化猛然向上冲击，拉断限位链造成事故；

（6）没有冷却设备和冲洗过程，筒内温度很容易升高；

（7）电石篮离水后，仍会继续产生气体，从筒内排出，在周围形成爆炸性混合气体；

（8）电石反应速度难于控制，电石反应不彻底，利用率低，气体纯度也低；

（9）只能使用敞开式水封回火防止器，安全性差；

（10）换电石时，因浮筒内空气不易排净，空气-乙炔混合气体聚积在筒内，极易发生爆炸。

由于浮筒式乙炔发生器存在上述问题，所以很多地区已禁止使用这种乙炔发生器，要用中压乙炔发生器或乙炔瓶，以确保安全。

第三节　焊接安全管理

一、焊工安全教育与规章制度

（一）焊工安全教育和考试

焊工安全教育是搞好安全生产的一项重要工作，国标《特种作业人员安全技术考核管理规则》GB 5306—85 中明确规定："从事特种作业人员必须进行安全教育和安全技术培训"，为使焊工掌握安全技术科学知识，提高安全操作水平，了解工伤事故发生的原因和内在规律，充分发挥人的主观能动性，严格遵守操作规程等有着重要意义和作用。只有这样做，才能使各项有关焊接安全防护设施行之有效。

电焊工作属于特种作业，也就是说：它是一个指"对作业者本人，尤其对他人和周围设施的安全有重大危险因素的作业"，一旦发生事故对整个企业安全生产会有较大影响，所以，对焊工必须严格要求掌握必要的安全技术知识，其内容有：

（1）有关电气安全技术知识；

（2）有关电的基本知识；

（3）了解电焊机的结构、性能和工作原理；

（4）熟悉电焊工艺的安全要求和安全装置的原理，如焊机空载自动断电装置、焊机接地与接零等；

（5）触电原因及触电急救知识；

（6）懂得有关燃烧和爆炸的基本知识，了解焊接发生火灾和爆炸原因及防火防爆技术；

（7）掌握扑灭火灾方法等。

刚入厂的焊工，必须进行三级安全教育。

按照《特种作业人员安全技术考核管理规则》GB 5306—85 中规定："经考核取得操作证者，方准独立作业"。

（二）建立安全责任制

安全责任制是把"管生产的必须管安全"的原则从制度上固定下来，是非常重要的一项安全制度。通过焊接安全制度，明确各级领导、职能部门和工程技术人员应负的责任。例如动火制度，应由企业技术负责人、保卫和消防部门负责审批并监督检查；焊接设备在规定期限内的检验和维修，应由动力、设备部门负责并监督检查；焊接安全防护装置的设置和合理使用，焊接现场的合理组织，以及焊接安全操作规程的制定和实施等，应由车间主任、施工队长或主任负责并监督检查；工程技术人员在产品生产或施工整个过程，必须考虑安全因素及其要求，并提出相应的安全措施。

（三）安全操作规程

焊接安全操作规程，是保证安全生产的重要环节。在实际焊接生产中得到了证明。严格执行焊接安全操作规程，就可以保障焊工安全健康和促进安全生产；相反，焊工生命和健康就受到危害，安全生产就不能顺利进行。

焊接安全操作规程是根据不同的焊接工艺建立的，如手弧焊安全操作规程，氩弧焊安全操作规程、埋弧自动焊操作规程、气焊与气割安全操作规程等，同时还要根据专业特点和作业环境，制定相应的安全操作规程。

规程的内容和文字要简明确切，通俗易懂，便于记忆和掌握，这样才有利于安全操作规程的执行。

二、焊接工作的组织与消防措施

（一）焊接工作的组织

焊接（或气焊与气割）工作地点的设备、工具和材料一定要堆放整齐。施工现场的通道，如车辆通道、人行通道等要符合安全规定，一旦发生事故，便于消防、撤离和医务人员的抢救。

操作现场的所有气焊胶管，焊接电缆线等不得相互缠绕。

焊工作业面不应小于 $4m^2$，地面要干燥，保证工作点有良好的照明（照度不得低于 50 勒克斯）。

焊接（或气焊与气割）作业点周围 10m 内，不得有易燃易爆物品；如果有，就要干净彻底地清除掉，实在不能清除时，也必须采用有利可靠的方法加以解决。

室内作业时，通风一定要良好，不使可燃易爆气体滞留，多点焊接作业或有其他工种混合作业时，各部位间应设防护屏。

室外作业时，操作现场与登高作业，设备的吊运等，应密切配合，秩序井然而不得杂乱无章。地下、管段和半封闭地段等处作业时，要先用仪器检查，判明此处是否有爆炸和中毒危险。附近的敞开孔洞和地沟，应用石棉板（或其他材料）盖严，防止焊接时的火花进入其内。

（二）灭火措施及灭火物质的选择

目前，生产上常用的灭火物质有水、化学液体、固态粉末，泡沫和惰性气体等，它们的灭火性能与应用范围各有所不同。为了迅速扑灭火灾，必须按照现代的防火技术水平，根据不同的焊接工艺和着火物质的特点来合理的选择灭火物质，否则其灭火效果有时会适得其反。

焊接设备着火时的安全注意事项：

（1）电石筒、电石库房着火时，只能用干沙、干粉灭火器和二氧化碳灭火器进行扑救，不能用水或含有水分的灭火器（如泡沫灭火器）救火，也不能用四氯化碳灭火器救火。

（2）乙炔发生器着火时，首先要关闭出气管阀门停止供气，使电石与水脱离接触。可用二氧化碳灭火器或干粉灭火器扑救，不能用水、泡沫灭火器和四氯化碳灭火器救火。

（3）电焊机着火时，首先要切断电源，然后再扑救，在未断电源前不能用水或泡沫灭火器扑火，只能用干粉、二氧化碳、四氯化碳灭火器或1211灭火器扑救，因为用水或泡沫灭火器扑救容易触电伤人。

（4）氧气瓶着火时，应立即关闭氧气阀门，停止供氧，使火自行熄灭。如邻近建筑物或可燃物失火，应尽快的将氧气瓶搬走放在安全地点，防止受火场高热影响爆炸。

（三）常用灭火器材及其安全注意事项

1. 四氯化碳灭火器

四氯化碳为无色透明液体，不助燃、不自燃、不导电、沸点低（76.8℃）。当它降落到火区时迅速蒸发，蒸气密度是空气的3.5倍，所以密集在火源周围，包围着正在燃烧的物质或设备，起到了隔绝空气的作用。四氯化碳是一种阻火能力很强的灭火剂，特别适用于电焊设备和电缆的灭火。

使用安全注意事项：

（1）四氯化碳本身具有毒性，空气中最高允许浓度为0.05mg/L。

（2）四氯化碳受热250℃以上时，能与水蒸气作用生成盐酸和光气（光气属剧毒气体）。特别是与赤热金属相遇，生成的光气更多，空气中最高允许浓度仅为0.0005mg/L。

（3）使用四氯化碳灭火器时，必须带防毒面具，并站在上风处。如在四氯化碳中加少量石油、氨或磷酸三甲酚酯等物质，可大大减少光气发生量。

特别指出四氯化碳与电石、乙炔气相遇，会发生化学变化，放出光气，并有发生爆炸的危险。四氯化碳对金属有一定腐蚀性作用。

2. 二氧化碳灭火器

不能用水和四氯化碳灭火的设备，如电石筒、乙炔发生器等，使用二氧化碳灭火器最合适。灭火器里的二氧化碳是以液态灌装的，极易挥发成气体，使体积扩大760倍，使用时，二氧化碳剂从灭火器喷出，因汽化吸热关系而马上变成干冰。此种霜状干冰喷向着火处，立即气化，把燃烧处包围起来，起到隔绝氧的作用。

使用时安全注意事项：

（1）二氧化碳灭火剂对着火物质和设备的冷却作用较差，火焰熄灭后，温度可能仍在燃点以上，有发生复燃的可能。故二氧化碳灭火剂不适用于空旷地区的灭火。

（2）二氧化碳能使人窒息，所以使用二氧化碳灭火器灭火时，人要站在上风处，尽量靠近火源。

（3）在空气不流畅场合如乙炔站或电石破碎间等，使用二氧化碳灭火器喷射后，消防人员应立即撤出。

（4）二氧化碳灭火剂不能用于碱金属和碱土金属的火灾。因为在高温下，二氧化碳与这些金属接触会起分解作用，游离出碳粒子，有发生爆炸的危险。

3. 干粉灭火器

固体干粉灭火剂，对气焊和电焊火灾都适用。它是由碳酸氢钠加入 $45\%\sim90\%$（与碳酸氢钠重量比）的细矿、硅藻土或滑石粉等制成。干粉灭火器喷出的这种灭火剂粉沫覆盖在燃烧物上，能够构成阻碍燃烧的隔离层。这种灭火剂遇火时可放出水蒸气和二氧化碳，利用它的吸热降温和隔绝空气的作用而熄灭火焰。干粉灭火器集泡沫、二氧化碳和四氯化碳灭火器的优点。所以，干粉灭火器可适用于扑救可燃气体、电气设备、油类和遇水燃烧物品等的初起火灾。

这里必须指出：旋转式直流电焊机的火灾扑救，不能用干粉灭火剂。

三、焊接急性中毒管理措施

（一）焊接发生急性中毒事故的原因

（1）在狭小的作业空间，焊接有涂层（如漆、塑料、镀铅锌等）或经过脱脂的焊件时，涂层物质和脱脂剂在高温作用下，将会产生有毒气体和有毒蒸气。

（2）由于设备内存放有生产性毒物，如苯汞蒸气、氰化物等。当焊工进入设备内动火时而引起的中毒。

（3）焊接过程，产生较多的窒息性气体（如 CO_2 焊接过程中产生的 CO）和其他有毒性气体，又是在通风不好和作业面狭小空间内操作，这样就可能使焊工急性中毒。

（4）对可燃和有毒介质的容器采用带压不置换动火时，从焊补的裂缝喷出有毒气体或蒸气。

（5）采用置换动火焊补时，置换后的容器内是属缺氧环境，焊工进入动火时引起窒息。

（二）预防急性中毒的措施

（1）在焊接作业点装设局部排烟装置。

（2）在容器、管道内或地沟里进行焊接作业时，应有专人看护或两人轮焊（即一个工作，一个看护），如发现异常情况，可及时抢救。最好是在焊工身上再系一条牢靠的安全绳，另一端系个铜铃于容器外，一旦发生情况，可以铃为信号，而绳子又可作为救护工具。

（3）对有毒和可燃介质的容器进行带压不置换动火时，焊工应戴防毒面具，而且应在上风侧操作；采取置换作业补焊时，在焊工进入前，对容器内空气进行化验，必须保持含氧量在 $19\%\sim21\%$ 范围内，有毒物质的含量应符合《工业企业设计卫生标准》的规定。

（4）为消除焊接过程产生的窒息性和其他有毒气体的危害，应加强机械通风，稀释毒物的浓度，可根据作业点空间大小、空气流动和烟尘、毒气的浓度等，可采取局部通风换气和全面通风换气。

四、登高焊割作业安全措施

登高作业是指 2m 以上的地点，登高作业的工伤事故主要是高处坠落、触电、火灾和物件打击等。其安全作业，应注意以下几方面内容：

(一) 安全用电

在高处接近高压线、裸导线或低压线时，其距离不得小于 2m，同时要检查并确认无触电危险后，方可进行操作；

电源切断后，应在电闸上挂以"有人工作，严禁合闸"的警告牌；

登高作业时，要有人监护，密切注意焊工的动态。电源开关应设在监护人近旁，遇有危险现象时，立即拉闸，并进行营救；

不得使用带有高频振荡器的焊机，以防因麻电而失足摔落。同时也不得将焊接电缆缠绕在身上操作，以防触电。

(二) 加强个人防护

(1) 凡进入高处作业区和登高进行焊割操作，必须配戴好合格的安全帽、安全带和胶鞋，安全带应紧固牢靠，安全绳不得超过 2m；

(2) 梯子应符合安全要求，梯脚要防滑，与地面夹角不大于 60℃，放置要稳牢。使用人字梯时应用限跨铁钩挂住单梯，夹角 40℃。不准两人在一个梯子(或人字梯的同一侧)同时作业，不得在梯子顶档工作；

(3) 登高焊割作业的脚手板应事先检查，不允许使用腐蚀或机械损伤的木板或铁木混合板。人行道要符合要求(单为 0.6m、双为 1.2m)，板面要防滑和装有扶手；

(4) 使用的安全网要拉严密，不得留缺口，而且要跟随作业层升高。同时要经常检查安全网。

(三) 预防物体打击(略)

(四) 防火(略)

(五) 健康和气象条件

登高人员必须进行健康状态检查。患有高血压、心脏病、精神病和癫痫病等，及医生证明不能登高作业者，一律不准登高操作。

六级以上的大风、雨天、大雪、雾天等情况，禁止登高焊割作业。

参 考 文 献

1. 浙江省建设厅编制. 园林绿化施工员岗位培训教材

2. 浙江省建设厅编制. 项目经理培训教材

3. 浙江省建设厅编制. 土建五大员岗位培训教材

4. 浙江省建设厅编制. 园林工人上岗培训教材

5. 浙江省建设厅编制. 城市园林绿化法规规范和文件汇编

6. 园林建设工程. 中国城市出版社

7. 中国建筑艺术史. 中国文物出版社

8. 刘致平. 中国居住建筑简史——城市、住宅、园林(第二版). 北京：中国建筑工业出版社，2000

9. 全国建筑业企业项目经理培训教材编写委员会编写. 全国建筑施工企业项目经理培训教材. 中国建筑工业出版社

10. 本书编委会. 施工项目管理概论(修订版). 北京：中国建筑工业出版社，2001

11. 徐一骐. 工程建设标准化、计量、质量管理基础理论. 北京：中国建筑工业出版社，2000

12. 潘全祥等编. 施工现场十大员技术管理手册(第二版). 北京：中国建筑工业出版社，2004

13. 朱维益，杨生福. 市政与园林工程预决算. 北京：中国建材工业出版社，2004

14. 园林专业系列教材. 中国高等教育出版社

15. 城市绿地喷灌. 中国林业出版社

16. 刘燕. 园林花卉学. 北京：中国林业出版社，2000

17. 孟兆祯. 园林工程. 北京：中国林业出版社，2001

18. 北京市园林局，北京市园林教育中心编制. 传统园林建筑

19. 风景园林丛书. 江苏科学技术出版社

20. 浙江省标准设计站编制. 园林绿化技术规程